Die belgischen Kleinbahnen.

Von der
Technischen Hochschule zu Aachen
zur Erlangung
der Würde eines Doktor-Ingenieurs
genehmigte

Dissertation.

Von

O. Kayser,
Regierungsbaumeister a. D.,
Direktor der städtischen Vorortbahnen zu Cöln.

Referent: Geh. Reg.-Rat Professor Dr. Bräuler.
Korreferent: Professor Dr. Kähler.

Springer-Verlag Berlin Heidelberg GmbH
1911.

Additional material to this book can be downloaded from http://extras.springer.com.

ISBN 978-3-662-32466-0 ISBN 978-3-662-33293-1 (eBook)
DOI 10.1007/978-3-662-33293-1

Inhaltsverzeichnis.

I. Einleitung.

Kaum $2\frac{1}{2}$ Jahre nach Selbständigkeitserklärung Belgiens, am 1. Mai 1834, wurde dort ein Gesetz für Eisenbahnen erlassen, und ein Jahr später, am 5. Mai 1835, fand die feierliche Eröffnung der Eisenbahn Brüssel—Mecheln statt. Diese Eisenbahn, aus englischem Material gebaut, mit einer Länge von 16 Kilometern, war die erste auf dem europäischen Festland. Der gewaltige Aufschwung, den das Eisenbahnwesen in Belgien inzwischen genommen hat, trug hier wie in anderen Ländern in ungeahntem Maße dazu bei, Industrie, Handel und Landwirtschaft zu entwickeln und stellte die Allgemeinheit in rascher Aufeinanderfolge vor eine Reihe neuer, wichtiger Probleme wirtschaftlicher, technischer, juristischer und sozialer Natur. Die Abkürzung der Zeit, die das durch die Eisenbahnen ins öffentliche Leben neu eingeführte Moment bedeutet, machte sich auf allen Gebieten menschlicher Tätigkeit geltend. Eine Entwicklung, die früher Jahrhunderte beansprucht hätte, wurde auf wenige Jahrzehnte zusammengedrängt.

In den 80er Jahren des vorigen Jahrhunderts trat ein Wendepunkt im Eisenbahnwesen der Kulturländer Europas insofern ein, als um diese Zeit das große Netz der Hauptbahnen fast allenthalten im wesentlichen vollendet war, und als man nunmehr daran herantrat, durch den Ausbau eines Netzes von Bahnen zweiter Ordnung das große Netz der Hauptbahnen zu ergänzen, um die Wohltaten der Eisenbahn auch abgelegeneren Orten und Landschaften zuzuführen. Selbstverständlich war damit die Entwicklung der Hauptbahnen nicht überhaupt zum Abschluß gelangt, man denke nur an die Abkürzungsstrecken, die seitdem gebaut worden sind, an die Einrichtung neuer und umfangreicher Personen- und Güterbahnhöfe, an die Einführung vierachsiger und sechsachsiger Personenwagen, die Vergrößerung der Leistungsfähigkeit der Lokomotiven, Erhöhung der Fahrgeschwindigkeit, Einführung durchgehender Bremsen und schließlich den Beginn eines elektrischen Betriebes. Im großen Maschenwerk der Hauptbahnen war aber um genannte Zeit ein gewisser Sättigungszustand eingetreten. Das allgemeine Interesse wandte sich daher in hohem Maße den Nebenbahnen und Kleinbahnen zu, die allerdings nicht erst um diese Zeit erfunden worden sind. Die letzten 25 Jahre haben ganz besonders diesen Bahnen gehört, und wenn man sich vergegenwärtigt, daß in den Jahren von 1892 bis 1908 in

Preußen allein 253 nebenbahnähnliche Kleinbahnen gebaut worden sind, deren Baukapital mehr als eine halbe Milliarde Mark beträgt und deren Jahreseinnahme im Jahre 1908 sich auf 41 Millionen Mark belief, so leuchtet es ohne weiteres ein, zu einem wie wichtigen Faktor im öffentlichen Leben sich diese Bahnen zweiter Ordnung entwickelt haben. und daß auf diese rasche Entwicklung nicht zum wenigsten der starke Aufschwung des gesamten Geschäftslebens, der etwa um die Mitte der 90er Jahre einsetzte, zurückzuführen ist.

Wer sich mit der Geschichte der Eisenbahnen zweiter Ordnung befassen will, darf nicht an den belgischen Kleinbahnen[1]) vorübergehen.

In Belgien ist das Wesen dieser Bahnen, die wirtschaftlichen Grundlagen ihres Daseins und die Mittel und Wege zu ihrer Schaffung schon so früh und mit solcher Klarheit erkannt und durchgeführt worden, daß man nur mit Bewunderung auf die Erfolge blicken kann, die man hier errungen hat. Belgien ist das Land, in dem man wohl zuerst die große Bedeutung der Bahnen zweiter Ordnung würdigte, und in dem man auch den Männern, die diese Bahnen zu schaffen und zu leiten hatten, den ihnen gebührenden Rang und die allgemeine Schätzung nicht versagte.

Ein großer Teil des Verdienstes an der glänzenden Entwicklung der Kleinbahnen ist dem Manne zu verdanken, der seit Gründung der nationalen Kleinbahn-Gesellschaft an ihrer Spitze steht, Herrn Generaldirektor de Burlet[2]).

Die Abbildung auf Tafel 1 zeigt, wie in Belgien der Ausbau des Hauptbahnnetzes in den 80er Jahren stark nachließ und seitdem nur geringe Fortschritte gemacht hat. Die Abbildung zeigt auch, wie um dieselbe Zeit das Netz der Kleinbahnen eine Entwicklung begann und bis heute in dem Maße fortsetzte, daß die Kilometerlänge der Kleinbahnen schon mehr als $\frac{2}{3}$ derjenigen der Hauptbahnen ausmacht.

Freilich ist der Charakter des Landes dem Ausbau dieses Bahnnetzes außerordentlich förderlich gewesen. Das Land, dessen Größe

---

[1]) Das Wort „Kleinbahn" ist zur Verdeutschung der Bezeichnung chemins de fer vicinaux gewählt, weil es am kürzesten und umfassendsten den Begriff der Vorortbahnen, Überlandbahnen und nebenbahnähnlichen Kleinbahnen, um die es sich hier handelt, wiedergibt. Mit dem Begriff der Kleinbahnen, wie er durch das preußische Kleinbahngesetz festgelegt ist — dieser umfaßt auch die eigentlichen Straßenbahnen —, deckt er sich nicht. Einzelne belgische Kleinbahnen würden in Preußen zu den Nebenbahnen zu rechnen sein.

[2]) Constantin de Burlet, Ingénieur des Ponts et Chaussées und licenciéenlettres ist am 14. Mai 1846 geboren. Nach Vollendung seiner Studien an der École des Ponts et Chaussées in Gent trat er 1870 in den Staatsdienst, und nachdem er hier 14 Jahre lang im Ministerium der öffentlichen Arbeiten für Eisenbahnen in den Provinzen Namur und Luxemburg beschäftigt war, erfolgte im August 1884 die ehrenvolle Ernennung zum Direktor, später Generaldirektor der Société nationale des chemins de fer vicinaux.

29 456 qkm beträgt, weist keine großen Gebirge auf, ist vielmehr größtenteils flach und besitzt eine Bevölkerungsdichte, die von keinem anderen Land übertroffen wird. Sie beträgt für das Quadratkilometer 227 Einwohner, darauf folgen

Niederlande	mit	160	Einw.
Deutschland	„	135	„
England	„	132	„
Frankreich	„	73	„

Die günstige Lage des Landes mitten zwischen den Großmächten Europas, bei einem der wichtigsten und und besten europäischen Häfen, der Reichtum an Kohle und Eisen, die Mannigfaltigkeit einer zum Teil Jahrhunderte alten Industrie, daneben eine eifrige Landwirtschaft und endlich nicht zum mindesten der Fleiß und die Intelligenz der Bevölkerung haben aus Belgien eines der arbeits- und erfolgreichsten Länder gemacht. Belgien besitzt heute auf 100 qkm 15,5 km Hauptbahnen, während England 11,8, Deutschland 10,7, Frankreich 8,8 km einschließlich der Nebenbahnen aufweisen.

Man hat sich außerhalb Belgiens mehrfach mit der interessanten Entwicklung der belgischen Kleinbahnen beschäftigt. An einer umfassenden Untersuchung und Würdigung des belgischen Kleinbahnsystems hat es aber bisher gefehlt. Eine solche zu versuchen, und zwar vorwiegend vom Standpunkt der deutschen Eisenbahn-Wissenschaft aus, ist der Zweck dieser Schrift.

II. Geschichte der belgischen Kleinbahnen bis zum Jahre 1884.

Welches waren die Gründe für den Ausbau eines Netzes von Bahnen zweiter Ordnung? Man kann die Antwort auf diese Frage kurz wie folgt abgeben:

> Die Aufgabe der großen Bahnen mußte es sein und bleiben, große Städte und Verkehrsknotenpunkte miteinander zu verbinden und durch die verschiedenen Teile des Landes Hauptadern auszustrecken. Die Kosten der Hauptbahnen sind groß, da die Beförderungsmengen und die Fahrgeschwindigkeit Mindestanforderungen an die Ausgestaltung des Oberbaues, an die Bahn-Krümmungen und -Steigungen, an die Sicherungsanlagen und an den Bau und die Besetzung der Bahnhöfe usw. stellen. Um ein Erträgnis dieser Bahnen zu erzielen, ist ein gewisser Mindestverkehr nötig. Wo ein solcher Verkehr nicht zu erwarten ist, be-

sitzt die Hauptbahn keine wirtschaftliche Berechtigung. Um den Verkehr der verkehrsärmeren Landesteile, ebenso denjenigen im Inneren der Städte zu bewältigen, muß man daher zu einem billigeren Mittel, zu den Bahnen zweiter Ordnung, greifen.

Wie bei den Hauptbahnen, so schritt Belgien auch bei den Bahnen zweiter Ordnung mit an der Spitze[1]), als es darauf ankam, eine gesetzliche Regelung für das neu entstandene Verkehrsmittel zu treffen. Schon am 9. Juli 1875 erschien das Gesetz über die Straßenbahnen (loi sur les tramways), das nicht nur die Entstehung von Straßenbahnen in den Städten, sondern auch die Überlandbahnen in abgeschlossenen Gegenden fördern und Zufuhrlinien für das Hauptbahnnetz schaffen sollte. Das Gesetz überließ den Bau dieser Bahnen ausschließlich der Privattätigkeit, es waren noch die Jahre des Manchestertums und der Gründerzeit nicht überwunden, befanden sich doch auch die Hauptbahnen zum großen Teil noch in privaten Händen, obwohl Belgien mit dem Grundsatz der Staatsbahnen schon im Jahre 1835 einen Anfang gemacht hatte[2]).

Das Gesetz von 1875 erwies sich schon bald für den angestrebten Zweck als unzureichend, denn das Privatkapital ging nur an den Bau solcher Bahnen heran, die von vornherein einen Gewinn abzuwerfen versprachen; das waren in der Hauptsache die Straßenbahnen in den großen Städten. Dagegen blieb die Entwicklung der Überlandbahnen, für die das Gesetz in erster Reihe gedacht war, vollständig liegen. Das Kapital hatte richtig herausgefunden, und die spätere Entwicklung hat dies im großen Ganzen bestätigt, daß bei diesen Bahnen nur in seltenen Fällen mit nennenswerten Gewinnen zu rechnen ist, und daß in den meisten Fällen eine angemessene Verzinsung des Kapitals erst nach Jahren erwartet werden darf. Das Ergebnis beschränkte sich auf eine einzige Überlandbahn, die Bahn von Taviers nach Embresin, die am 1. Juni 1878 einem Herrn Zaman genehmigt wurde, und diese Bahn war nicht einmal eine solche, die den Absichten des Gesetzes entsprach und dem „Interesse der Zivilisation" diente, denn es handelt sich bei dieser nur 9½ km langen Bahn, deren Spurweite 0,70 m betrug, zunächst um eine reine Privatbahn, welche die landwirtschaftlichen und

---

[1]) Das erste Wegegesetz, das später wiederholt verlängert worden ist, stammt vom 19. Juli 1832. Das Gesetz vom 15. April 1843 bestimmte, daß alle der Personen- und Güterbeförderung dienenden Eisenbahnen von mehr als 10 km Länge nur auf Grund eines Gesetzes genehmigt werden dürfen. Das Gesetz vom 10. Mai 1862 regelt die Genehmigung der Bahnen von weniger als 10 km Länge.

[2]) Seitdem sind in Belgien die meisten Privatbahnen — so die Grand Central Belge, die westflandrischen Bahnen, Lüttich—Mastricht, Liégeois—Limbourgeois, Termonde—Saint Nicolas — vom Staate angekauft, so daß heute mehr als 92 % aller Hauptbahnen Staatseigentum sind.

industriellen Betriebe des Herrn Zaman an die Hauptbahn anschließen sollte.

Der vollständige Mißerfolg des Gesetzes von 1875 gab Veranlassung, nach anderen Mitteln und Wegen zu suchen, um das erstrebte Ziel zu erreichen. Am 28. Januar 1881, zu einer Zeit, als Landwirtschaft und Industrie vollständig darniederlagen, wurde von den Ministern des Innern, der Finanzen und der öffentlichen Arbeiten, den Herren Rolin-Jaequemyns, Graux und Sainctelette, zu diesem Zwecke eine Kommission ernannt. Die Beratungen dieser Kommission und ihre Ergebnisse sind von so großem Interesse und zeugen von solchem Weitblick, daß man nur mit Bewunderung die Verhandlungen verfolgen kann. Schon die Einführungsworte des Ministers der öffentlichen Arbeiten lassen das außerordentliche Verständnis für die Sache erkennen. Aus dieser Rede sei folgendes wiedergegeben:

„Belgien sieht dem Zeitpunkt entgegen, da sein Hauptbahnnetz vollendet sein wird. Das Land verlangt nunmehr Verbindungslinien und Kleinbahnen, die ihm entsprechende Vorteile gewähren. Wie müssen die gesetzlichen Bestimmungen für solche Verbindungslinien beschaffen sein? An welche sozialen Kräfte muß man herantreten, um sie mit Aussicht auf Entwicklung enstehen zu sehen? Genügt es, das neue Gebiet dem privaten Unternehmungsgeist zu eröffnen? Oder muß in dieser Sache, wie bei gewöhnlichen Straßen, die Beteiligung der großen Einheiten unseres Gemeinwesens, der Gemeinde, der Provinz und des Staates, herangezogen und ihre Tätigkeit zusammengefaßt werden? Wo sollen die erforderlichen Hilfsmittel gesucht, wie vereinigt und wie am besten ausgenützt werden? Bezüglich der Geldausgaben handelt es sich um ein bedeutendes Unternehmen, wenn man Belgien mit einem großen und kleinen Kleinbahnnetz ausrüsten will. Wenn man das Feld frei läßt für den privaten Unternehmungsgeist, heißt das nicht damit rechnen, daß dieser sich auf den leichtesten und ertragreichsten Teil der Aufgabe beschränkt? Wenn man dagegen die Mitwirkung der Gemeinden, der Provinzen, des Staates für notwendig hält, wie soll man ihnen die Mittel für eine umfassende Beteiligung beschaffen? Wem soll man die Ausführung und später den Betrieb des gemeinschaftlichen Werkes anvertrauen?

Wenn man den Zweck nicht verfehlen will, so müssen die Beförderungskosten der Kleinbahnen noch geringer sein als die schon so niedrigen Beförderungskosten des gewöhnlichen Ortsverkehrs. Wer auch immer die Schöpfer der Bahnnetze zweiter und dritter Ordnung sein mögen, soll man ihnen die freie Wahl der Bedingungen für Bau und Betrieb überlassen? Kann man sich von einer einheitlichen Regelung größere Wohltaten versprechen, als wenn man es jedem Einzelnen überläßt, zu bauen und zu betreiben, wie es nach seiner Ansicht seinen

Interessen am besten entspricht? Ist es beispielsweise am Platze, die Spurweite und folglich die Art der Betriebsmittel, vorzuschreiben? Sollen jeder Eisenbahn die Betriebsmittel, die ihr gehören, vorbehalten werden, oder soll man im Gegenteil den verschiedenen Landesteilen die Möglichkeit schaffen, gegebenenfalls sich gegenseitig mit Zug- und Beförderungsmaterial auszuhelfen? Und hier komme ich zu einer anderen Aufgabe. Darf zwischen der Spurweite der Hauptbahnen und der Kleinbahnen ein Unterschied bestehen? Für die Personenbeförderung erledigt sich die Frage von selbst, aber für die Güterbeförderung bleibt sie im vollen Umfange bestehen. Erweist man dem Lande einen vollkommenen Dienst, wenn man ihm nicht den bedeutenden Vorteil der Benutzung einheitlicher Betriebsmittel gewährt, wenn man ihm die Mühe, die Kosten und die Nachteile aufbürdet, die durch ein doppeltes Umladen beim Be- und Entladen entständen? Und wenn man sich für die Einheitlichkeit der Spurweite entscheidet, kann man dann und durch welche Vorsichtsmaßregeln die Staatsinteressen an dem großen Betriebe der Hauptbahnen schützen? Im Falle des Widerstreites muß das Interesse der Landesteile dem Staatsinteresse vorgehen, und niemandem dürfte der Gedanke kommen, den Landesteilen eine schlechte Anlage oder einen unbequemen Betrieb aufzuerlegen zum alleinigen Zwecke, der Staatseisenbahnverwaltung ihren ganzen Verkehr und ihre ganze Kundschaft zu erhalten.

Der herrschende Gedanke scheint mir folgender zu sein: Man soll von Kleinbahnen und Straßenbahnen nichts verlangen, was durch eine bessere Ausnutzung der Hauptbahnen erreicht werden kann, man soll alle Kräfte und neuen Hilfsmittel dem Bestreben widmen, dem Verkehr die Wohltaten der raschen Beförderung leichter zugänglich zu machen, dem Stamme wie den Ästen ihren ganzen Saft zu erhalten und diesen in die Zweige und das Blätterwerk überzuleiten.

In diesen Grenzen ist die zu lösende Aufgabe noch sehr groß, und viele neue Fragen müssen hierbei erörtert werden. Wenn z. B. in unseren großen Städten die Personenbeförderung heutigen Tages an Sicherheit, Schnelligkeit, Bequemlichkeit und Kosten wenig zu wünschen übrig läßt, warum sollte man nicht an eine bessere Organisation der Güterbeförderung denken und sich nicht darüber wundern, daß es fast ebenso viel kostet, eine Tonne Kohle vom Bahnhofe an ihren Bestimmungsort zu schaffen, als man für die Beförderung von der Zeche bis zum Bahnhof gezahlt hat? Wie erklärt es sich, daß eine so große Zahl von Fabrikanten und Kaufleuten noch immer für ihren Bedarf kostspielige, oft unbeschäftigte Transportmittel besitzen? Wie sollte man sich nicht darüber wundern, wenn man sieht, daß die Gemüsezüchter unserer ländlichen Bezirke ihre Erzeugnisse heute noch so befördern, wie sie es vor 50 Jahren getan haben?

Belgien ist mit der Einführung der Hauptbahnen auf dem Festland vorangegangen. Es würde für dies Land eine neue Ehre bedeuten, wenn es auch das beste System von Straßenbahnen besäße. Die Aufgabe ist allerdings eine schwierige, und die Regierung hat sich nicht damit befassen wollen ohne Ihre tätige Mitwirkung."

Als nicht minder wertvoll wie die Rede des Ministers erwies sich eine Schrift zweier Kommissionsmitglieder, des Senators und Bankiers Bischoffsheim und des Directeur des ponts et des chaussées Wellens[1]) mit dem Titel: „Institution d'une société nationale des chemins de fer vicinaux." Diese Schrift, die schon vor Einsetzung der Kommission abgefaßt war und Entwürfe für die Satzungen der vorgeschlagenen Gesellschaft sowie für eine Gesetzesvorlage enthielt, bildete in der Tat die Grundlage der Verhandlungen innerhalb der Kommission. Der Kaufmann Bischoffsheim und der Ingenieur Wellens sind daher als die eigentlichen Schöpfer der großen Organisation der Kleinbahnen Belgiens anzusehen.

Die Schrift gibt den Grundgedanken, der zur Einsetzung der Société nationale veranlaßt, so klar wieder, daß es sich verlohnt, ihren Hauptinhalt kurz zu schildern:

„Die Überlassung des Baues und Betriebes eines Kleinbahnnetzes an das Privatkapital ist unzweckmäßig, weil dadurch Bahnen entstehen, die keinen Zusammenhang miteinander haben, weil das Privatkapital sich darauf beschränkt, sehr gute Linien zu bauen, und weil endlich damit gerechnet werden muß, daß mit den erlangten Genehmigungen Handel getrieben wird und sie mit Nutzen veräußert werden. Es würde hierbei weniger danach gestrebt, der Öffentlichkeit zu dienen, als vielmehr die aufgewandten Kapitalien möglichst hoch zu verzinsen. Es ist daher notwendig, durch den Gesetzgeber die Staatsregierung heranzuziehen, allerdings, ohne die Mitwirkung von Privatpersonen ganz auszuschließen. Man muß ferner die drei großen „Einheiten unserer politischen Gesamtheit", die Gemeinden, Provinzen und den Staat miteinander vereinigen, um ohne Interesse an Gewinn und Spekulation die Verkehrsaufgabe zu lösen.

Nötig ist eine einheitlichere Regelung des Betriebes ähnlich wie bei den Hauptbahnen. Wenn seinerzeit die Genehmigung zum Bau und Betrieb der Hauptbahnen vorwiegend dem Privatkapital überlassen worden ist, so war man dabei von der Absicht ausgegangen, den Staatskredit nicht zu hoch anzuspannen und die Finanzen nicht übermäßig zu belasten. Nachdem aber inzwischen die Erfahrung den Nachteil dieses

[1]) J. R. Bischoffsheim, geboren am 7. April 1808 zu Mainz, am 29. Mai 1859 in Belgien naturalisiert, starb am 5. Februar 1883. Franz Wellens, Inspecteur général du corps des ponts et chaussées, später Verwaltungsrat der Société nationale, wurde am 7. August 1812 zu Lierre geboren, er starb am 6. Dezember 1897.

Systems erwiesen und der Staat sich wiederholt gezwungen gesehen hat, die Einheitlichkeit wieder herzustellen durch den Rückkauf der meisten, vielleicht aller genehmigten Linien, und zwar fast immer zu sehr ungünstigen Bedingungen, so würde man unverantwortlich handeln, wenn man bei den Kleinbahnen denselben Irrtum beginge; es ist als ein Glück anzusehen, daß das Gesetz vom 9. Juli 1875 bei den Überlandbahnen bisher nicht zur Anwendung gelangt ist.

Die Lösung der Aufgabe geschieht zweckmäßig durch Gründung einer nationalen Gesellschaft für Kleinbahnen, ähnlich der Gesellschaft für Gemeindekredit[1]). Diese Gesellschaft soll alle Kleinbahnen in einer Hand vereinigen, das zum Bau und Betrieb erforderliche Kapital aufbringen, den Bau einheitlich und mit größter Sparsamkeit ausführen und schließlich den Gewinn der Unternehmungen an die Gemeinden, Provinzen und den Staat abführen. Die Gesellschaft untersteht der Aufsicht der Regierung, sie soll, wenn auch der Form nach eine Erwerbsgesellschaft, lediglich öffentliche Interessen vertreten, ohne sich die Vorteile, welche die Form der Privatgesellschaft bietet, entgehen zu lassen, d, h. mit großer Schnelligkeit arbeiten, Initiative zeigen und in der Prüfung von Entwürfen mit vollständiger Unabhängigkeit und Unparteilichkeit, ohne Rücksicht auf örtliche, politische und andere Einflüsse, vorgehen und sich allen tatsächlichen Erfordernissen anpassen.

Es empfiehlt sich nicht, die Erfüllung dieser Aufgabe den Gemeinden allein zu überlassen, da diese nicht in der Lage sein werden, selbständig in ihrem Gebiete die Kleinbahnen auszuführen. Die Beihilfe von Staat und Provinzen ist vielmehr erforderlich, und die Gemeinschaft wird mit größerem Erfolg arbeiten als die einzelnen Gemeinden. Dabei ist nicht einmal nötig, daß die Gemeinden Anleihen für den Bau von Bahnen in ihrem Gebiet aufnehmen, vielmehr kann die Gesellschaft ihrerseits das erforderliche Kapital beschaffen, wogegen die Gemeinde die erforderliche Verzinsung und Tilgung abzüglich des ihr zufallenden Betriebsgewinnes auf eine bestimmte Zeitdauer leistet. Die Gesellschaft wird das Kapital durch Ausgaben von Schuldverschreibungen beschaffen können, für die der Ertrag der Kleinbahnen als Unterpfand dient, und für die der Staat eine Bürgschaft übernimmt. Die Gegenleistung für den Staat besteht in der Ersparnis der Unterhaltung von Landstraßen, Erleichterung anderer öffentlicher Aufgaben, wie Post und Telegraphie, endlich aber und vor allem in der Verbesserung der Betriebsergebnisse

[1]) Die „Société du crédit communal“ ist durch Königl. Beschluß vom 8. Dezember 1860 gegründet worden. Das Anleihekapital beträgt nominal 360 700 000 fr. Die Gemeinden sind nicht gezwungen, ihre Anleihe mit Hilfe dieser Gesellschaft aufzunehmen.

der Staatsbahn. Für das in die Gesellschaft eingezahlte Kapital des Staates, der Provinzen und Gemeinden werden Aktien der Gesellschaft ausgegeben, das übrige Kapital wird in Schulverschreibungen beschafft. Der gesamte Gewinn wird also Staat, Provinz und Gemeinden zufallen, ohne daß sie irgendwelche Aufwendungen für die Bauvorbereitung, den Bau und den Betrieb zu machen haben. Alles dies besorgt die Gesellschaft, der das nötige Personal zur Verfügung steht. Eine andere Möglichkeit, das Kleinbahnnetz als ein einheitliches Ganzes auszuführen, besteht nicht, denn es ist bedenklich, einer Privatgesellschaft solche Machtvollkommenheiten einzuräumen; die Befugnisse der Regierung zu übertragen hieße deren Verwaltungsapparat noch mehr vergrößern und noch unübersichtlicher und schwerfälliger machen."[1])

Die Schrift der Herren Bischoffsheim und Wellens ist heute fast 30 Jahre alt, ihre Ausführungen treffen aber auch heute noch zu, sie werden von den Erfahrungen der letzten 30 Jahre auch in anderen Ländern bestätigt. Es ist bewundernswert, wie diese beiden Männer in der Tat den Organisationsplan der belgischen Kleinbahnen in seinen Hauptzügen bereits so klar vorgelegt haben, daß fast nichts zu tun übrig blieb, als ihn in vollem Umfange zur Einführung zu bringen.

Die Kommission trat mit Eifer an die Beratungen heran, für die solch glänzende Vorbereitungen getroffen waren. Nachdem 7 Sitzungen stattgefunden, wurden folgende Beschlüsse gefaßt:

„1. Kein gesellschaftlicher Machtfaktor darf von vornherein ausgeschlossen werden, wenn eine möglichst weitgehende Entwicklung der Kleinbahnen sichergestellt werden soll.

2. Der Gedanke einer Vereinigung von Staat, Provinzen und Gemeinden, wie sie in einer Schrift mit dem Titel „Institution d'une société nationale des chemins de fer vicinaux" entwickelt wird, kann die Tätigkeit jener Machtfaktoren ermöglichen, um das gewünschte Ergebnis, wenigstens teilweise, zu erreichen.

3. a) Der Staat muß bestrebt sein, von den Hauptbahnlinien den Wettbewerb fernzuhalten, indem er nur solche Kleinbahnen genehmigt, die mit jenen nicht in Wettbewerb treten können; b) für den Fall, daß dieser Wettbewerb dennoch in die Erscheinung treten sollte, muß der Staat stets gerüstet sein, ihn wirksam zu bekämpfen, und die Waffe dazu muß in dem Gesetze enthalten sein; c) eines der Mittel, das dazu in den Händen des Staates bleiben muß, ist das Recht, die Herabsetzung von Tarifen zu verhindern und je nach Sachlage Tariferhöhungen zu fordern; d) dieser Wettbewerb kann in Wirklichkeit nur da eintreten, wo eine Kleinbahn (sei es, daß sie unter eine einzige Genehmigung fällt

[1]) In Preußen kommt bereits jetzt auf ca. 80 Einwohner ein Staatseisenbahnbeamter oder -Arbeiter.

oder aus verschiedenen einzeln genehmigten Teilen entsteht) zwei Ortschaften miteinander verbindet, die schon von Stationen der Hauptbahnen bedient werden.

4. Der Punkt 3a enthält den Grundsatz, der bei der Schaffung eines allgemeinen Planes für ein Kleinbahnnetz in Belgien maßgebend sein muß; die Kleinbahnen sollen für die Hauptbahnen einen Zufluß, keinen Wettbewerb bilden.

5. Es liegt keine Veranlassung vor, ein einheitliches Maß für die Spurweite und die Betriebsmittel aller Kleinbahnen festzulegen; die einen können Normalspur, die anderen Schmalspur bekommen, je nach den verschiedenen Anforderungen der Landesteile, nach dem Zustand der Verkehrswege, der Entwicklungsmöglichkeit des Verkehrs usw.

6. Es besteht keine Veranlassung, von vornherein einheitliche Tarifsätze für den Betrieb auf Linien derselben Gattung festzustellen.

7. Es ist kein Grund vorhanden, Betriebsgruppen zu bilden und die größte Ausdehnung. die der Leitung einer Gruppe zu lassen wäre, zu begrenzen.

8. Es ist zweckmäßig, den Gesellschaften, die Kleinbahnen anlegen, Rückkaufsbedingungen aufzuerlegen.

9. Gesetzgeberische Maßnahmen sind zu treffen über die Polizei auf Kleinbahnen.

Die Kommission drückt den Wunsch aus, die Regierung möge das Erforderliche tun, um in kürzester Frist den Bau von Kleinbahnen, deren Nutzen anerkannt ist, zu bewirken."

Wie man sieht, bewegen sich die Beschlüsse der Kommission in ähnlicher Richtung wie die Vorschläge der Herren Bischoffsheim und Wellens. Besonders betont ist aber in den Beschlüssen die Rücksichtnahme auf die Einnahmen der Staatsbahn, die nicht geschmälert werden dürfen, auch konnte die Kommission, wie aus Punkt 8 hervorgeht, sich noch nicht ganz mit dem Gedanken befreunden, den Bau der Bahnen möglichst einer einzigen Gesellschaft zu übertragen. Von Interesse ist schließlich noch die Ansicht der Kommission über die Wahl der Spurweite (Nr. 5) deswegen, weil die Kommission hierin von den Ausführungen des Ministers abweicht. In Wirklichkeit ist die Frage später zugunsten einer einheitlichen Spur, und zwar der Schmalspur, entschieden worden.

Die Kommission schloß ihre Beratung am 6. April 1881, und wenig mehr als ein Jahr später, am 22. Mai 1882, legte der Finanzminister Graux der Kammer einen Gesetzentwurf über die Errichtung einer „nationalen Gesellschaft für Kleinbahnen" vor. Die Beratungen der Vorlage, der eine eingehende Begründung beigefügt war, wurden, da ein Ministerwechsel bevorstand, beschleunigt und führten zum Gesetz vom 28. Mai 1884, an dessen Stelle bald infolge einer Vorlage des inzwischen neu eingetretenen Finanzministers Beernaert das Gesetz vom 24. Juni 1885, welches von erstgenanntem in einigen Punkten abwich, getreten ist.

III. Gesetze von 1884 und 1885.

Organisation der Kleinbahnen. Die Société nationale des chemins de fer vicinaux.

Der wesentliche Inhalt des Gesetzes von 1884—1885 ist folgender:

„1. Die Ausführung von Kleinbahnen wird einem einzigen Unternehmer übertragen: der Société nationale des chemins de fer vicinaux. Dieser wird ein Monopol gewährt, das jedoch dadurch eingeschränkt wird, daß die Regierung, die allein das Recht besitzt, nach Vornahme der vorgeschriebenen Erhebungen Genehmigungen zu erteilen, solche auch an Dritte vergeben kann, wenn die Société nationale sich nicht innerhalb Jahresfrist darum beworben hat, oder wenn sie den Bau nicht in der durch die Regierung vorgeschriebenen Frist fertiggestellt hat. Es wird die Genehmigung erst erteilt, wenn die Gemeinderäte und die ständigen Ausschüsse der Provinzialräte gehört sind. Die Satzungen der neuen Gesellschaft sind durch das Gesetz festgelegt; sie bilden einen wesentlichen Teil des Gesetzes und können nur im Wege der Gesetzgebung geändert werden.

2. Die der Société nationale verliehenen Genehmigungen sind von unbestimmter Dauer wie die Gesellschaft selbst; die an andere verliehenen Genehmigungen dürfen eine Dauer von 90 Jahren nicht überschreiten. Der Staat kann jederzeit die Genehmigungen zu den in der Genehmigungsurkunde festgesetzten Bedingungen zurückkaufen.

3. Die Société nationale steht unter der Aufsicht der Regierung, die das Recht hat:

a) die Tarife zu genehmigen und jederzeit deren Erhöhung zu verlangen, ihre Erniedrigung zu untersagen,

b) die Ausführung aller Maßnahmen zu untersagen, die dem Gesetz, den Satzungen oder den Staatsinteressen zuwiderlaufen,

c) für die Kleinbahnen polizeiliche Vorschriften zu erlassen und im öffentlichen Interesse gewisse Beförderungen ohne Entgelt oder zu ermäßigten Preisen zu verlangen.

4. Für die von der Société nationale ausgegebenen Schuldverschreibungen darf der Staat Dritten gegenüber Bürgschaft leisten, und zwar auf die Dauer von 90 Jahren bis zur Belastung von 600 000 fr jährlich. Dies geschieht auf Grundlage der von den Gemeinden, den Provinzen und dem Staate gewährleisteten Renten.

5. Weder Provinzen noch Gemeinden dürfen von der Gesellschaft irgendwelche Steuern, Abgaben oder sonstige Auflagen verlangen.

6. Jedes Jahr übergibt der Minister dem Abgeordnetenhause den von der Société herausgegebenen Jahresbericht."

Dies die außerordentlich kurz und knapp gefaßten Bestimmungen der Gesetze. Alle Einzelheiten der Organisation sind in den zuletzt am 14. April 1898 geänderten Satzungen der Société nationale enthalten, deren Hauptinhalt der folgende ist.

„1. Der Zweck der Gesellschaft, deren Sitz Brüssel und deren Dauer unbegrenzt, ist folgender: Bau und Betrieb von Kleinbahnen in Belgien und deren Fortsetzung auf ausländischem Gebiet. Auflösung der Gesellschaft kann nur durch Gesetz erfolgen.

2. Die Gesellschaft ist berechtigt, den Betrieb einer Bahn einzustellen, wenn entweder während 3 aufeinanderfolgender Jahre die Gesamteinnahme nicht die Betriebsausgaben deckte, oder wenn während 5 aufeinanderfolgender Jahre der Ertrag der Bahn unter der Hälfte der Verzinsung des Anfangskapitals blieb.

3. Das Gesellschaftskapital ist in ebenso viele Serien Aktien eingeteilt, als es genehmigte Linien gibt. Jede Serie hat Anspruch auf den Gewinn der sie betreffenden Bahn. (Jede Kleinbahn bildet somit ein gesondertes Geschäft, das eine eigene Buchführung besitzt, so daß eine Gemeinde, wenn sie sich an einer bestimmten Bahn beteiligt, weder an den guten noch an den schlechten Ergebnissen anderer Bahnen teilnimmt. Es besteht jedoch zwischen all diesen Unternehmungen ein finanzielles Bindeglied durch die Art der Gewinnverteilung.)

Mindestens $2/3$ der Aktien sind jedesmal vom Staat, Provinzen und Gemeinden zu übernehmen. Die Aktien lauten über 1000 fr.

4. Die Aktionäre haften nur bis zur Höhe ihrer Einzahlung. Staat, Provinzen und Gemeinden (diese, wenn sie den Nachweis der Zahlungsfähigkeit erbringen) dürfen an Stelle der einmaligen Einzahlungen eine auf 90 Jahre verteilte Rente setzen. Die Höhe der Rente wird so bemessen, daß die für sie auszugebenden Schuldverschreibungen in 90 Jahren getilgt sind.

5. Nur die Aktien von Privatleuten werden auf den Inhaber, alle anderen auf den Namen ausgefertigt. Nach 90 Jahren dürfen die Privat-Aktien von Staat, Provinzen und Gemeinden zu Pari-Kurs angekauft werden.

6. Die Gesellschaft darf nach Maßgabe der Renten Schuldverschreibungen ausgeben, deren Bedingungen die Regierung bestimmt.

7. An der Spitze der Gesellschaft stehen ein Verwaltungsrat, der sich aus einem Präsidenten und sechs Mitgliedern zusammensetzt, und ein Generaldirektor. Die Regierung ernennt den Präsidenten und drei Mitglieder des Verwaltungsrats; die drei anderen Mitglieder werden

von der jährlich einmal zusammentretenden Generalversammlung der Aktionäre ernannt. Der Präsident hat die Befugnis, die Ausführung der Beschlüsse des Verwaltungsrats zu verhindern, wenn sie ihm dem Gesetze, den Satzungen oder den Staatsinteressen zuwider zu laufen scheinen. Die Regierung hat innerhalb vierzehn Tage endgültig darüber zu befinden. Der Verwaltungsrat hat u. a. alle Genehmigungen zu beantragen und zu übernehmen, alle Verträge, Käufe und Vergebungen abzuschließen, die Kapitalvermehrung zu besorgen, die Dividende festzusetzen, er gibt Schuldverschreibungen aus und sorgt für die Staatsbürgschaft; er vertritt überhaupt die Gesellschaft nach außen hin, insbesondere bei Käufen und Verkäufen. Seine Aufgabe ist es auch, die Rücklagen zu bestimmen, die Dienstanweisungen, Dienstverträge, Gehälter und Tarife festzusetzen.

Abgestimmt wird im Verwaltungsrat nach Stimmenmehrheit. Bei Stimmengleichheit entscheidet die Stimme des Vorsitzenden.

Der Generaldirektor wird vom Könige ernannt; ihm ist die höchste ausführende Gewalt übertragen, an den Versammlungen des Verwaltungsrates nimmt er mit beratender Stimme teil.

Es ist ferner ein Aufsichtsrat vorgesehen, der aus neun von der Generalversammlung gewählten Mitgliedern besteht. (Auf Vorschlag des Verwaltungsrats hat die Generalversammlung sich damit einstanden erklärt, als Mitglieder die ständigen Vertreter der neun Provinzen zu ernennen.)

Der Aufsichtsrat hat eine Prüfung [1]) der Geschäfte der Gesellschaft zu führen; ihm wird regelmäßig halbjährlich eine Bilanz vorgelegt, die von ihm zu prüfen ist.

8. Es ist bereits darauf hingewiesen, daß jede Bahn für sich ein Ausgabenkonto für den Bau und Betrieb besitzt. Sie ist an den Generalunkosten der Gesellschaft nach Maßgabe ihrer Roheinnahmen beteiligt. Ausgaben werden von der Société nationale vorgestreckt.

Die Gewinnverteilung besteht zunächst in der Ausschüttung einer ersten Dividende, die der gezeichneten Rente (Dauer 90 Jahre, Betrag 3,5 % bzw. 3,65 %) entspricht. Reicht der Überschuß hierzu nicht aus, so tragen die Aktionäre den Verlust. Verbleibt ein weiterer Überschuß, so dient dieser nach Abzug der satzungsmäßigen Gewinnanteile zu $^2/_8$ für einen bei jeder Bahn bestehenden Sicherheitsfonds zwecks Vergrößerung und Verbesserung der Bahn, $^3/_8$ kommen einem Reservefonds zugute, der demselben Zwecke dient und Betriebsverluste decken soll, die verbleibenden $^3/_8$ werden für eine weitere Dividende verwandt.

---

[1]) Nach dem Gesetz vom 18. Mai 1873 über die Gesellschaften (Artikel 55) ist dem Aufsichtsrat von Aktiengesellschaften nicht nur die Prüfung, sondern auch die Beaufsichtigung der Gesellschaftsgeschäfte übertragen.

Der Sicherheitsfonds darf nur mit Genehmigung der Regierung zu Dividenden benutzt werden. (Der Reservefonds ist das finanzielle Bindeglied zwischen den verschiedenen Bahnunternehmungen. Die guten Linien, deren Erträgnisse die Verteilung einer Dividende gestatten, die höher ist als der Zinsfuß der Rente, decken die Betriebsverluste der schlechten Linien.)

9. Die Generalversammlung besteht aus den Aktionären, Verwaltungsrat, Generaldirektor und Aufsichtsrat. Jede Provinz und jede Gemeinde wird durch einen einzigen Beauftragten vertreten, der über so viele Stimmen verfügt, als sein Auftraggeber Aktien besitzt. Niemand kann mit mehr als $^1/_5$ der Aktien oder $^2/_5$ der in der Generalversammlung vetretenen Aktien an der Abstimmung teilnehmen. Eine Generalversammlung muß einberufen werden auf Verlangen des Aufsichtsrates oder eines Fünftels des Gesellschaftskapitals. Zur Änderung der Satzungen oder zur Außerbetriebsetzung einer Bahn bedarf es der Anwesenheit von mindestens der Hälfte des Gesellschaftskapitals.

10. Wenn der Staat von seinem Kaufrecht Gebrauch macht, wird der Kaufpreis zunächst zur Kapital-Tilgung für diese Bahn verwendet. Vom Überschuß erhalten die Aktionäre der Bahn die Hälfte, die andere Hälfte fließt in den Reservefonds der Société nationale."

Dies ist der hauptsächlichste Inhalt der Gesellschafts-Satzungen.

Zu erwähnen ist noch, daß in Belgien die Gemeinden unmittelbar den ständigen Ausschüssen der Provinzialräte unterstehen, an deren Spitze der Gouverneur steht. Die Behandlung der Kleinbahn-Angelegenheiten ist in jeder Provinz einem Provinzial-Überwachungs-Ausschuß übertragen.

Es dürfte hier angebracht sein, das Kennzeichnende des Gesetzes und der Satzungen, die zusammen die Grundlage der Organisation bilden, zu betrachten. Wie schon erwähnt, hatte die Absicht des Gesetzes von 1875, die Schaffung von Überlandbahnen der Privatinitiative zu überlassen, zu einem Mißerfolg geführt. Nichts war natürlicher, als daß man sich nunmehr zu gleichem Zwecke an die öffentlichen Gewalten wandte, schon allein um durch Inanspruchnahme ihres Kredites die Kapitalverzinsung zu verringern und damit die Unternehmen lebensfähiger zu machen. Das Nächstliegende wäre gewesen, Bau und Betrieb der Bahnen den Gemeinden allein zu überlassen, ein Weg, den man bekanntlich in anderen Ländern mit Vorliebe beschritten hat. In Belgien fürchtete man aber nicht ganz mit Unrecht, daß dabei die schwächeren Gemeinden schlecht fahren würden, da sie nicht immer in der Lage sind, die erforderlichen Geldmittel zu beschaffen und das Unternehmen in einer technisch und finanziell einwandfreien Weise ins Leben zu rufen, um es auf diejenige wirtschaftliche Grundlage zu stellen, die für das Gedeihen der Bahn unerläßlich ist. Es kommt hinzu, daß in einer Gemeinde der Einfluß einzelner Parteien, einzelner Personen oder einzelner Gemeindebezirke einen schädlichen Einfluß auf das Unternehmen zu gewinnen in der Lage ist, durch den eine sachliche Behandlung der Angelegenheit verhindert wird. Man ging deshalb einen Schritt weiter und zog den Staat und die zwischen Staat und Gemeinden stehenden Provinzen mit hinein. Auf diese Weise konnte man auch am leichtesten den Staatskredit[1]) zum Vorteil der Gemeinden und damit wieder zum Vorteil des Staates selbst verwerten. Man konnte ferner eine einwandfreie, sachliche und wenig kostspielige Lösung der Verkehrsaufgaben sicherstellen. Durch die Vereinigung der drei Gewalten, Staat, Provinzen und Gemeinden eröffnete man den Kleinbahnen die Möglichkeit einer ungeahnten Entfaltung.

Man ging noch einen Schritt weiter in der systematischen Behandlung der Frage, indem man nicht etwa in jeder Gemeinde oder in jeder Provinz zum Bau der Kleinbahnen eine besondere Gesellschaft ins Leben rief, sondern eine nationale Aktiengesellschaft unter Staatsaufsicht schuf, an deren Spitze ein vom König zu ernennender Generaldirektor steht. Durch die Schaffung einer einzigen Gesellschaft, deren Aufgabe es ist, die Bauwürdigkeit zu prüfen, die Vorarbeiten zu übernehmen, den Bau in all seinen Teilen auszuführen, endlich den Betrieb ins Leben zu rufen und zu überwachen, erreichte man Vorteile, die auf der Hand liegen. Zunächst wurde durch Zusammenfassung all dieser Aufgaben Sicherheit geschaffen für eine gleichmäßige Behandlung aller Gemeinden. Die ärmeren Gemeinden bleiben nicht zurück, und wie ein Blick auf die Karte zeigt, ist das ganze Land heute in der Tat nahezu gleichmäßig mit einem dichten Netz von Kleinbahnen überspannt. Einen zweiten Vorteil bildet die Kostenersparnis: die Gesellschaft kann ihre Angestellten naturgemäß besser ausnutzen als mehrere Einzelgesellschaften, sie kann gewisse Normalien zur Durchführung bringen, durch die die Herstellung verbilligt, der Austausch von Betriebsmitteln der einzelnen Bahnen ermöglicht und die Handhabung der einzelnen Teile der Bahnanlage, insbesondere diejenige der Streckensicherung, für das Personal erleichtert wird. Die Lösung dieser Riesenaufgabe stellt allerdings an die Leitung der Gesellschaft hohe Anforderungen, wenn es ihr ge-

---

[1]) Die Staatsanleihen Belgiens hatten im Oktober 1910, verglichen mit anderen Ländern, folgenden Kurs:

3 %	Belgien	94,00 %	3¾ %	Italien	102,80 %
3 „	Frankreich	97,10 „	3½ „	Dänemark	97,20 „
3 „	Deutschland	83,70 „	3½ „	Norwegen	98,50 „
3 „	Preußen	83,70 „	3½ „	Deutschland	92,60 „
3 „	Rußland	79,00 „	3½ „	Preußen	92,60 „
3 „	Portugal	65,50 „	2½ „	England	80,75 „

lingen soll, die Gefahren, welche die Zentralisierung mit sich bringt, zu vermeiden. Die Gefahren liegen vor allem in einer gewissen Einseitigkeit, hervorgerufen durch den Mangel an Wettbewerb, der zu stetigen Verbesserungen zwingt. Das Gesetz schreibt vor, daß die Société nationale ein Vorrecht auf den Bau aller Kleinbahnen genießt. Wird von einem Privatmann eine Genehmigung beantragt, so wird der Société nationale zunächst Gelegenheit gegeben, sich innerhalb Jahresfrist zu entscheiden, ob sie bereit ist, das Unternehmen auszuführen. Die Société wendet sich an die Gemeinden, und wenn diese entschlossen sind, sich finanziell neben Provinz und Staat an dem Bau zu beteiligen, so pflegt die Société nationale ihrerseits das Unternehmen zur Ausführung zu bringen; so kommt es, daß von 171 genehmigten Kleinbahnen heute nur 7 Privateigentum sind. Tatsächlich besteht somit heute ein nahezu unbeschränktes Monopol der Société nationale. Eine weitere Gefahr der Zentralisierung liegt darin, daß die örtlichen Eigentümlichkeiten und die individuellen Anforderungen der Kleinbahnen leicht übersehen und die Lösung der Verkehrsaufgaben schematisch behandelt wird. Es wird in den folgenden Teilen dieser Schrift zu prüfen sein, ob und inwieweit es der Société nationale gelungen ist, diese Gefahr zu vermeiden.

Es entstand nun die weitere Frage: soll die Société nationale auch den Betrieb der Bahnen übernehmen, und, falls diese Frage verneint wird, welcher Einfluß auf die Betriebsführung soll ihr vorbehalten werden. Mit klarem Blick erkannte man, daß, wenn auch eine Monopolisierung des Baues der Bahnen als vorteilhaft anerkannt wird, einer Monopolisierung des Betriebes erhebliche Bedenken entgegenstehen. Kleinbahnen sind ihrer Natur nach dazu bestimmt, sich den rein örtlichen Verkehrsbedürfnissen anzupassen. Zur Beurteilung dieser Bedürfnisse und zur Lösung der Verkehrsaufgaben ist am besten eine Behörde in der Lage, deren Leitung sich an Ort und Stelle befindet, die mit dem Pulsschlag des Lebens ständig Fühlung hält und vor allem selbständig genug ist, Entschlüsse zu fassen und die Verkehrseinrichtungen dem erkannten wechselnden Bedürfnis entsprechend einzurichten. Die Zentralisierung des Betriebes der Kleinbahnen im ganzen Lande würde sicherlich nur eine Verschlechterung bedeuten, da eine schematische Behandlung der voneinander abweichenden Fragen, eine Verzögerung in der Verwaltung und damit eine Verringerung der Überschüsse die Folge sein würde. Man denke sich den ungeheuren Verwaltungsapparat, der zur Erledigung aller, zum großen Teil doch recht unerheblichen Aufgaben der Zentralinstanz, für die unendlich vielen Beschwerden, Prozesse, Fahrplan-Angelegenheiten und dergleichen nötig wäre, und man wird es vollkommen verstehen, daß die Verpachtung des Betriebes der Kleinbahnen zur Regel gemacht wurde.

Dabei galt es auch, eine allzu große Zersplitterung und Betriebsverteuerung zu vermeiden. Man hat deshalb die Bahnen in Gruppen zusammengefaßt und jede Gruppe einem Betriebsunternehmer übertragen, so daß also nicht für jede einzelne genehmigte Bahnstrecke ein besonderer Betrieb geschaffen wurde. Für 140 Kleinbahnen, die bis jetzt in Betrieb genommen wurden, sind 37 Betriebsgruppen gebildet. Nur drei kleine Bahnen werden aus besonderen Gründen vorläufig von der Société nationale selbst betrieben. Von Interesse ist noch, zu erwähnen, daß man das große Industriegebiet von Mons, Centre und Charleroi, das in mehrfacher Beziehung eine Ähnlichkeit mit unserem Rheinisch-Westfälischen Industriebezirk hat, nicht etwa in eine einzige, sondern in drei Betriebsgruppen geteilt hat. Das System der Betriebseinteilung muß, alles in allem genommen, als ein zweckmäßiges bezeichnet werden, da mit Glück die Gefahr übermäßiger Zentralisierung und einer zwecklosen Zersplitterung vermieden ist.

Es mag gestattet sein, an dieser Stelle einzuschalten, wie man im Königreich Belgien und wie man in Fachkreisen über dies System der Betriebsregelung dachte.

Der Berichterstatter der Kommission für das Gesetz vom 28. Mai 1884 hat sich eingehend mit der Betriebsfrage befaßt. Er gelangte zu dem Ergebnis, daß, wenn man auch der Société nationale das Recht vorbehalten müsse, einzelne Linien zu betreiben, hiermit keine Verpflichtung ausgedrückt werden solle. Die einheitliche Betriebsführung von einem Punkte aus würde „zu Schwierigkeiten führen, selbst in solchen Fällen, wo der Betrieb wie ein Uhrwerk mechanisch geregelt werden könne, da man Vorsorge treffen muß für die täglichen, ja augenblicklichen Bedürfnisse, wie sie sich in der verschiedensten Art, zur selben Stunde, im selben Augenblick in allen Teilen des Landes ergeben. Wie kann man denn gleichzeitig Anforderungen von 100 voneinander entfernten Betrieben entsprechen, wenn die ganze Leitung bei einer einzigen Zentralstelle liegt?" Allerdings glaubte der Finanzminister Graux, obwohl er den Grundsatz der öffentlichen Ausschreibung auch für den Betrieb anerkannte, der Société nationale das Recht lassen zu müssen, in jedem einzelnen Falle je nach den Umständen Entscheidung zu treffen, also von einer Ausschreibung auch absehen und den Betrieb selbst übernehmen zu dürfen. Sein Nachfolger, der Finanzminister Beernaert, sprach sich im folgenden Jahr schon durchaus zu Gunsten der Dezentralisierung des Betriebes aus. In den Motiven zum Gesetz von 1885 heißt es: „Es scheint, daß der Betrieb der notwendigerweise voneinander unabhängigen und über das Land verstreuten Linien nicht in den Händen einer und derselben Verwaltung vereinigt werden darf, nur ausnahmsweise kann dies geschehen, und es ist deshalb wünschenswert, eine solche Bestimmung in das Gesetz aufzunehmen."

Durch die öffentliche Ausschreibung und die damit gewollte Heranziehung der Privatindustrie verfolgte man, wenigstens anfänglich, nebenbei auch die Absicht, den Vorwürfen zu begegnen, daß durch Gründung der Société nationale des chemins de fer vicinaux im ganzen Kleinbahnwesen ein Monopol geschaffen werden sollte, das dem privaten Unternehmungsgeist überhaupt nichts mehr übrig ließ.

Die Frage der Betriebsordnung ist vom eisenbahnfachmännischen Standpunkt aus betrachtet eine der wichtigsten des ganzen Kleinbahnwesens. Während diese Frage bei den Hauptbahnen mit ihren großen zusammenhängenden Strecken im Sinne der Vereinheitlichung aufgefaßt und in den meisten Kulturländern zugunsten des Staats-Monopols entschieden ist oder entschieden zu werden scheint, bildet sie bei Kleinbahnen, bei denen an die Stelle des einheitlichen Durchgangsverkehrs der reine Ortsverkehr der einzelnen Gemeinden und Landesteile tritt, eine Frage, die in volkswirtschaftlicher, technischer und finanzieller Beziehung zu vielfachen Erörterungen — u. a. auf den internationalen Eisenbahnkongressen 1885 in Brüssel, 1889 in Paris, 1895 in London — Veranlassung gegeben hat. Zugunsten der getrennten Betriebe sind u. a. in Brüssel 1885 folgende Vorteile angeführt worden.

a) Für die voneinander getrennten Linien sind die Verkehrsbedürfnisse verschieden, dementsprechend sind auch verschiedene Betriebsordnungen aufzustellen. Ein Unternehmer kann die Verkehrsaufgaben des betreffenden Bezirkes am besten ermitteln und die erforderlichen Maßnahmen mit der größten Sachkenntnis und Schnelligkeit ergreifen.

b) Der örtliche Unternehmer hat ein unmittelbares Interesse an der Steigerung der Einnahmen und an der möglichsten Befriedigung des Publikums; er kann daher am leichtesten alle Betriebszweige in ihren Einnahmen pflegen und bei den Ausgaben alle zulässigen Ersparnisse erzielen.

c) Die Nachteile, die jedes Monopol mit sich bringt — Mangel an Fortschritt, starres Festhalten am Überlebten und dergl. — werden vermieden, auch die Privatunternehmung findet weiter Interesse am Kleinbahnwesen.

Die Einwendungen, die man gegen diese Auffassungen erhob, sind im wesentlichen folgende:

a) Die Zusammenfassung des Betriebes verringert die Ausgaben, namentlich in der allgemeinen Verwaltung und im Werkstättendienst. Einzelbetriebe müssen geeignete Beamte für die verschiedenen Dienst zweige, die technischen, kaufmännischen und Verwaltungszweige anstellen, denn Beamte, die alle diese Teile beherrschen, sind selten und fordern hohe Gehälter.

b) Bei der Betriebstrennung spielen örtliche Einflüsse politischer oder privater Natur eine große Rolle und bringen die Betriebsleitung leicht in den Verdacht der Parteilichkeit.

c) Die Zentralisierung verbindet mit dem Vorteil einer Verminderung der Verwaltungskosten eine zweckmäßigere Organisation der technischen Zweige, ohne daß darum die örtliche Betriebsleitung in ihrer Hauptaufgabe, den wirtschaftlichen Teil des Dienstes zu pflegen, behindert ist.

d) Die Erfahrung hat gezeigt, daß eine Zentralleitung imstande ist, sogar aus weiter Ferne in verschiedenen Ländern Kleinbahnen mit Erfolg zu leiten.

Auf dem Kongreß zu Brüssel wurde die Frage nicht entschieden; die Mehrheit schien sich jedoch wenigstens für eine Zusammenfassung einer gewissen Zahl von Bahnen aussprechen zu wollen. Im Jahre 1889 wurde die Frage hauptsächlich von belgischer Seite weiter erörtert, ohne jedoch zu einem Beschluß zu führen. Die Société nationale erklärte, daß sie in ihrem System der gruppenweisen Verpachtung mehr Vorteile als Nachteile erblicke. Sie hatte 33 Bahnen von zusammen etwa 700 km Länge im Betrieb, die sämtlich an Privatunternehmungen verpachtet waren, und zwar entweder durch öffentliche Ausschreibungen oder durch freihändige Übertragung.

Inzwischen haben sich die Meinungen geklärt und die Ansichten sich genähert. Heute dürfte man in der Fachwelt wohl allgemein das belgische System der Gruppen-Verpachtung als das für die dortigen Verhältnisse zweckmäßigste anerkennen. Das System hat sich, wie sich auch aus den folgenden Untersuchungen ergibt, zweifellos bewährt.

Nach dieser kurzen Abschweifung zurück zur Betriebs-Verpachtung der belgischen Kleinbahnen.

Wenn die Société nationale selbst den Betrieb der Bahnen nicht übernahm, entstand die Frage, wer der geeignetste dazu sei: Privatgesellschaft oder öffentliche Gewalt. Unter den letzteren schied der Staat als Unternehmer der Hauptbahnen aus den oben bereits angeführten Gründen von vornherein aus. In Frage kamen somit nur noch Provinz und Gemeinden und die letzteren, da die Kleinbahngruppen sich wohl immer über die Grenzen einer einzelnen Gemeinde hinaus erstrecken, als Gemeinde-Verbände. In der Tat hat man beide für den Betrieb in Betracht kommenden Faktoren herangezogen, den 118 Kleinbahnen, die von Privatgesellschaften betrieben werden, stehen 14 gegenüber, deren Pacht von Provinz- und Gemeinde-Verbänden übernommen wurde. Es ist schon erwähnt, daß man beim Betriebe der Kleinbahnen das Privatkapital, das beim Bau der Kleinbahnen nach 1875 versagt hatte, wieder heranziehen zu müssen glaubte. Offenbar war man der Ansicht, daß eine Privatgesellschaft zur wirtschaftlichen Betriebsführung besonders geeignet sei, geeigneter vielleicht als die Provinz- und

Gemeinde-Verbände, über deren Erfolg in gewerblicher Tätigkeit man sich damals noch kein hinreichendes Urteil bilden konnte.

Die öffentliche Kritik hat sich seitdem, namentlich in den letzten Jahren, in zunehmendem Maße gegen eine Bevorzugung der Privatindustrie bei der Pachtübertragung von Kleinbahnen ausgesprochen. Man hat namentlich hervorgehoben, daß diese Gesellschaften dauernd erhebliche Betriebsgewinne aus dem Unternehmen herauszögen, während die Aktionäre, also Staat, Provinzen und Gemeinden, immer wieder Verluste zu tragen hätten. Außerdem habe man die unangenehme Erfahrung gemacht, daß die Gesellschaften auf die Wünsche des Publikums bei der Regelung des Betriebes fast keine Rücksicht nähmen, sondern nur auf Gewinn arbeiteten; die Aktionäre und sogar die Société nationale seien, wenn es sich um die Einführung von Betriebsverbesserungen handle, den Privatgesellschaften gegenüber machtlos.

Man wies auch darauf hin, daß das geringe Betriebskapital der Pächter unter Umständen keine genügende Sicherheit bietet, z. B. im Falle von bedeutenden Haftpflichtbeanspruchungen, ein Einwand, der bei kleinen Pachtgesellschaften Berücksichtigung verdient, auf die großen Gesellschaften aber, um die es sich meist handelt, nicht angewendet werden kann.

Seit einiger Zeit geht daher ein starker Zug durch die Gemeinde- und Provinzialverwaltungen, der dahin drängt, die Pachtübernahme durch Provinz und Gemeinde erheblich mehr als bisher, ja sogar in allen Fällen, einzuführen. Man verlangt, daß von einer Ausschreibung überhaupt abgesehen wird und jedesmal zunächst die Gemeinden und Provinzen zu der Frage, ob sie den Betrieb übernehmen wollen, Stellung nehmen. Wenn sie ablehnen, soll in jedem Falle eine öffentliche Ausschreibung, keinesfalls die freihändige Vergebung erfolgen.

Man hatte schon von vornherein — z. B. der Finanzminister Graux — bei Beratung des Gesetzes ins Auge gefaßt, die Betriebspacht auch den Gemeinden zu übertragen.

Die erste von Gemeinden gegründete Gesellschaft[1]) entstand auf Anregung des Ministers Beernaert im Jahre 1889; ihr wurde der Betrieb der Kleinbahn von Hooglede nach Thielt übertragen. Etwas später entstand eine zweite Gesellschaft, die im Wettbewerb mit Privatgesellschaften sich um die Bahnen des Centre bewarb. Dann traten aber, namentlich auch bei der Société nationale, Bedenken auf, welche die Entwicklung der Gemeinde-Betriebsgesellschaften für Kleinbahnen hemmten. Man fragte sich, ob solche Gesellschaften eine gesetzliche

[1]) Die Gründung von Gemeindeverbänden zur Schaffung gemeinsamer Anlagen und Unternehmungen ist in Belgien schon mehrfach durch das Gesetz angeregt und durchgeführt worden, so z. B. durch das Gesetz vom 6. August 1897 betr. Hospitäler und durch das Gesetz vom 18. August 1907 betr. Wasserleitungen.

Daseinsberechtigung besäßen, und ob das Gesetz den Gemeinden überhaupt gestatte, sich zu Unternehmungen zu verbinden, die nicht direkt zu ihren Aufgaben gehören, wie sie im Gemeindegesetz begrenzt sind. Es bedurfte daher eines besonderen Gesetzes vom 1. Juli 1899, das die Gemeinden, die Aktionäre einer Kleinbahn sind, ausdrücklich ermächtigte, gegebenenfalls gemeinsam mit der Provinz oder Privatpersonen eine Gesellschaft zur Übernahme des Betriebes von Kleinbahnen zu bilden.

Bei der Begründung des Gesetzes im Abgeordnetenhause am 18. Mai 1899 erklärte der Abgeordnete, spätere Finanzminister Liebaert, „man wolle nicht die Privat-Initiative zurückdrängen, aber man wolle die Gemeindeinteressen zur Geltung bringen, auf die man bisher, was nicht zu verwundern, sehr wenig geachtet habe".

Über die gleiche Frage äußerte sich der Finanzminister Graux folgendermaßen:

„Den Gesellschaften wirft man vor, daß sie sich zu sehr mit der Dividende befaßten, den öffentlichen Verwaltungen, daß sie sich nicht genug um die Ausgaben kümmern. Das ist richtig. Aber wenn man zwischen beiden Systemen wählen soll, und wenn es sich um Fortschritt und ideelles und materielles Gedeihen handeln soll, das dem der Eisenbahnen gleichkommt, dann muß der Charakter der öffentlichen Einrichtung überwiegen.

Diese Gründe, die unsere Regierenden bestimmt haben, dem Staat den Betrieb der meisten belgischen Eisenbahnen zu übertragen, bestehen in gleichem Maße für die Kleinbahnen."

In gleichem Sinne hatte sich bereits am 10. Mai 1884 der spätere Minister Beernaert ausgesprochen.

Infolge von Anträgen, die am 13. Juli 1904 in der Provinzialversammlung von Brabant gestellt und im Jahre 1906 angenommen worden waren, erklärte im Jahre 1907 die Société nationale: „Die Verpachtung der Bahnen soll, falls ein Gemeindeverband sich darum bewirbt, an diesen ohne Wettbewerb übertragen werden." Schon vorher hatte sich die Société nationale bereit erklärt, die Provinzialverwaltungen vor Ablauf von Pachtverträgen rechtzeitig davon zu benachrichtigen.

Wie nicht anders zu erwarten, gibt es auch Stimmen, die sich mit Entschiedenheit gegen die Ausdehnung der Gemeindetätigkeit auf das Gebiet des öffentlichen Verkehrs aussprechen; aber diese Bedenken können nicht aufrecht erhalten werden, sobald es sich um die Gemeinschaft einer größeren Zahl von Gemeinden und um die Beteiligung der Provinz handelt. Man wird daher ziemlich vorbehaltlos den Worten zutimmen können, die Generaldirektor de Burlet schon auf dem Internationalen Kleinbahnkongreß zu London im Jahre 1895 aussprach:

„Wenn der Gemeindeverband als Betriebsunternehmer nicht nur geleitet wird von Spekulationsgedanken und der Aussicht auf den zu erlangenden Gewinn, sondern wenn er es als seine Hauptaufgabe ansieht, auf der von ihm betriebenen Bahn den höchsten Nutzen und damit die höchsten Einnahmen zu erzielen, dann braucht man nicht zu befürchten, daß sein verhältnismäßig geringes Interesse, die Einnahmen zu vermehren, ihn hindert, den Betrieb zu verbessern. Mitglieder des Kongresses von Paris haben dazu gelächelt, aber, wie mir scheint, mit Unrecht, weil noch keine genügende Erfahrung vorliegt. Eine solche Einrichtung, mit Umsicht geleitet, unterstützt von einem technisch befähigten Direktor, kann gute Ergebnisse erzielen. Die Gemeinden sind gleichzeitig Eigentümer und Pächter und in dieser doppelten Eigenschaft doppelt an der Vermehrung der Einnahmen, an der guten Unterhaltung des Bahnkörpers sowie der Betriebsmittel interessiert. Da andererseits diese Gemeinden bei ihrem Unternehmen lediglich von Rücksichten auf das allgemeine Wohl geleitet werden, so haben sie, wie man versteht, von dem Augenblick an, wo die Betriebskosten gedeckt sind, keine andere Sorge, als den Verkehr zu verbessern (wobei manchmal gewisse Opfer nicht gescheut werden) und die Einnahmen zu vermehren, mit einem Wort die betreffende Bahn auf ihren höchsten Nutzwert zu bringen."

Das System der Gemeinde-Pachtgesellschaften hat sich auch nach Ansicht des Herrn de Burlet bewährt. Vom deutschen Standpunkt aus kann dieses Ergebnis nicht als überraschend angesehen werden, wo bekanntlich die Gemeinden in weitestem Umfange als Teilhaber von Gemeindeverbänden und Aktiengesellschaften, zum großen Teil aber in eigener Regie Bahnunternehmungen geschaffen haben und betreiben. Die deutschen Erfahrungen bestätigen, daß ganz besonders der Gemeindeverband, der zu solchem Zwecke geschaffen worden ist, als eine segensreiche und vortreffliche Einrichtung anzusehen ist.

In Belgien ist auf diesem Gebiete Westflandern am weitesten vorgegangen, wo den 195 km von Privaten betriebener Kleinbahnen 345 km der Provinz und Gemeinden gegenüberstehen. Auch Hennegau hat schon im Jahre 1891 mit der Betriebspacht der Bahnen bei La Louvière einen Anfang gemacht, Limburg und Luxemburg sind dem Beispiel gefolgt, Brabant ist erst jetzt im Begriffe, sich diesem Vorgang anzuschließen[1]).

[1]) In Preußen sind im Jahre 1908 unter den nebenbahnähnlichen Kleinbahnen 7 in Privateigentum, 174 im Eigentum von Gesellschaften und 83 im Eigentum von Kommunalverbänden gewesen. Letztgenannte Bahnen (3165,78 km) wurden etwa zur Hälfte (1726,08 km) von den Verbänden betrieben.

Gewerbsmäßige Betriebsunternehmer hatten 144 Bahnen mit 5291 km in Betrieb (= 55,8 %), während sich in ihrem Eigentum nur 20 Bahnen mit 357,23 km

Es bleibt noch übrig, kurz das Verhältnis der Kleinbahnen zu anderen Zweigen der Staatsverwaltung zu skizzieren.

Sehr weitgehende Rechte sind der Post- und Telegraphenverwaltung für die unentgeltliche Beförderung von Telegrammen, Briefen, Postpaketen und Personal eingeräumt, Rechte, die denen bezügl. der Hauptbahnen entsprechen und wie jene aus dem Postregal herzuleiten sind. Für die Kleinbahnen bedeutet die Erfüllung dieser Verpflichtungen jedes Jahr eine erhebliche finanzielle Leistung zugunsten der Post- und Telegraphenverwaltung.

Zugunsten der Militärverwaltung haben die Kleinbahnen sich gewissen Verpflichtungen bezügl. unentgeltlicher Beförderung von Truppenteilen und Bahn-Beseitigung im Kriegsfalle zu unterwerfen, wie sie auch in anderen Ländern üblich sind.

Ebenso ist den Steuerbeamten bei Dienstreisen freie Fahrt zu gewähren. Die Interessen dieser Verwaltung sind auch durch den überwiegenden Einfluß, den die Regierung auf die Kleinbahntarife auszuüben berechtigt ist, gewahrt, insofern als die Kleinbahnen nicht in der Lage sein würden, durch ihre Tarifpolitik der staatlichen Zollpolitik entgegenzuarbeiten.

Man hat gegen den Aufbau der belgischen Kleinbahn-Organisation den Vorwurf erhoben, daß in ihm die Interessen der Provinzen und Gemeinden nicht genügende Berücksichtigung fänden und vollständig hinter die des Staates zurückträten. Es läßt sich in der Tat nicht leugnen, daß bei dem streng einheitlichen Charakter der Organisation die Macht der Landesregierung weit überwiegend ist; die Regierung führt in der Hauptsache die Verwaltung, denn sie übt einen durchschlagenden Einfluß auf die Zusammensetzung des Verwaltungsrates aus und damit auf die gesamte Tätigkeit der Société nationale, während Provinzen und Gemeinden im wesentlichen nur in den Generalversammlungen zu Wort kommen, zu deren Machtbefugnis die eigentliche Verwaltung aber nicht gehört, und die sich schon infolge der großen Zahl der Teilnehmer — man rechnet mit 300 bis 400 — zu ersprießlicher Arbeit wenig eignen, Es ist vorgekommen, daß die Société nationale Wünsche der Gemeinden ablehnte, und als daraufhin die Gemeinden ihre Kapitalbeteiligung verweigerten, sprang der Staat ein und übernahm auch diesen Kapitals-Anteil. Auch in dem Umstand, daß der Generaldirektor vom König ernannt wird, daß der Vorsitzende des Verwaltungsrates sowohl als auch die Regierung jeden Beschluß aufheben kann, der nach ihrer Ansicht

(= 3,8 %) befanden. Die größte Betriebsgesellschaft, Lenz & Co., hat mit ihren beiden Tochtergesellschaften (Ost- und Westdeutsche Eisenbahn-Ges.) 61 Bahnen mit 3186 km in Betrieb. Die preußische Staatseisenbahnverwaltung betreibt 11 Bahnen mit 186,35 km, Provinzialverbände betreiben 8 Bahnen mit 185,54 km.

„gegen Gesetz, Satzungen oder Staatsinteressen verstößt“, ferner in dem Umstand, daß die Regierung jede Kleinbahn-Genehmigung versagen und auf die Tarife einen entscheidenden Einfluß ausüben kann, spricht sich die überwiegende Macht der Zentralgewalt aus.

Man darf von vornherein darüber nicht im Zweifel sein, daß dem Staat in allen das Staatsinteresse direkt berührenden Fragen die ausschlaggebende Stimme gebührt. Es wird aber in den weiteren Untersuchungen dieser Schrift noch auf die Frage zurückgegriffen werden müssen, ob und inwieweit in der übermäßigen Betonung der Staatsinteressen eine Behinderung in der Entwicklung der belgischen Kleinbahnen festzustellen ist.

Vom verwaltungstechnischen Standpunkt aus ist es noch von Interesse zu untersuchen, wie die leitenden Stellen auf die verschiedenen Berufsklassen verteilt sind.

Der Generaldirektor als der eigentliche Leiter der Geschäfte ist Ingenieur. Der Vorsitzende des Verwaltungsrates ist Advokat, der stellvertretende Vorsitzende Ingenieur. Unter den Mitgliedern des Verwaltungsrates und Aufsichtsrates finden sich Ingenieure, Juristen und Vertreter anderer Berufsarten. Die höchsten Stellen in der Generaldirektion der Société nationale sind vorwiegend mit Ingenieuren, zum Teil mit Kaufleuten besetzt.

Folgende Tabelle gibt ein Bild über die Zahl der Angestellten der Société nationale.

Zahl der Angestellten.

Jahr	Zentral-verwaltung	Bauabteilung	Vorübergehend	Summe
1905	208	118	124	450
1906	203	132	137	472
1907	210	159	118	487
1908	222	178	112	512
1909	242	179	89	510

Jahr	Bahnlänge in Kilometern.				Angestellte auf 100 km
	Genehmigt	Genehmigung nachgesucht	Zum Bau in Aussicht genommen	Summe	
1905	3623	414	1382	5419	8,4
1906	3906	299	1634	5840	8,2
1907	3991	358	1744	6094	8,1
1908	4179	312	1660	6151	8,4
1909	4332	422	1413	6167	8,3

Hierzu kommen noch 147 Vermessungsbeamte, ferner die Meßgehilfen und 278 Betriebsbeamte, die in den 3 von der Société nationale selbst betriebenen Bahnen beschäftigt sind, endlich 45 Pförtner, Wächter, Photographen, Boten und dergl.

Mit dem Grunderwerb sind 4 Agenten ständig und 8 vorübergehend beschäftigt.

IV. Entwicklung der Kleinbahnen.

Nachdem die Société nationale am 6. Juli 1885 auf Grund des Gesetzes vom 24. Juni desselben Jahres gegründet worden war, ging sie sofort an ihre Arbeit. Vom 15. September 1885 an wurden vom Minister der Landwirtschaft, der Industrie und der öffentlichen Arbeiten sowie von der Société nationale Rundschreiben an die Provinzial- und Gemeindebehörden des Landes versandt mit einer Anweisung für die Einreichung von Gesuchen bezüglich des Baues von Kleinbahnen. Ebenso wurden für die von den Gemeinden zu fassenden Beschlüsse betreffend Beantragung der Prüfung einer Bahn, Übernahme einer Kapitalbeteiligung usw. Formulare entworfen und versandt. Gemeinsam mit dem Finanzminister wurden die Formulare für die Rentenbriefe und Aktien aufgestellt, auch wurden durch Kgl. Verordnung die Bedingungen festgesetzt, unter denen der Staat die Bürgschaft für die Schuldverschreibungen der Société nationale übernimmt. Schließlich wurden noch die Bedingungen für die der Société nationale zu erteilenden Bahngenehmigungen von der Regierung genehmigt.

Am 27. März 1886 wurden die beiden ersten Genehmigungen verliehen für die Strecken Ostende—Nieuport und Antwerpen—Hoogstraeten. Diese Linien waren schon am 15. Juli und am 15. August 1885 dem Betriebe übergeben worden, also schon vor Erscheinen der Königlichen Verordnung über die Genehmigungen. Die Société nationale hatte es im Vertrauen auf die Zustimmung der beteiligten Behörden und von dem Wunsche getragen, dem Drängen der Bevölkerung nachzukommen, auf sich genommen, ohne die Erfüllung aller Formalitäten für die endgültige Genehmigung die Bahnen in Betrieb zu setzen. Von jetzt an begann eine rege Tätigkeit der Société nationale, deren Ergebnis aus der auf der folgenden Seite wiedergegebenen Tabelle zu ersehen ist.

Nach dem Jahresbericht für 1909 waren im ganzen 140 Linien mit 3448,20 km Bahnlänge in Betrieb, davon entfallen 6,21 km auf außerbelgisches Gebiet; die mittlere Bahnlänge beträgt rund 25 km (gegen 34 km der nebenbahnähnlichen Kleinbahnen in Preußen). Zu derselben Zeit waren genehmigt insgesamt 4332,18 km Kleinbahnen, die Genehmigung beantragt für weitere 422 km außerdem befindet sich die Prüfung für ca 1294 km in vorgerücktem Stadium. Die Société nationale ist

Jahre	Anzahl der neuen Bahnen	Länge der genehmigten Bahnen km	Länge der in Betrieb gesetzten Bahnen km
bis 1887	28	512	315
1887—1890	21	438	438
1890—1895	26	594	505
1895—1900	29	830	582
1900—1905	39	1166	877
1906	12	324	202
1907	2	118	149
1908	3	173	} 380
1909	3	126	

der Ansicht, daß sich vorläufig eine Abschwächung des Interesses für neue Kleinbahnen nicht feststellen läßt.

Aus dem Jahresbericht der Gesellschaft für 1909 ergibt sich folgende Verteilung der Bahnen auf die einzelnen Provinzen

Provinzen	Bevölkerung	Grundfläche ha	Länge der genehmigten Bahnstrecken in km		
			insgesamt	auf 10 000 Einwohner	auf 10000 ha
Antwerpen	959 218	283 176	541,89	5,65	19,14
Brabant	1 454 363	328 290	566,66	3,90	17,26
Westflandern	871 636	323 484	655,77	7,52	20,27
Ostflandern	1 111 001	300 017	396,91	3,57	13,23
Hennegau	1 229 103	372 166	643,69	5,24	17,29
Lüttich	894 938	289 474	473,28	5,29	16,35
Limburg	269 442	241 187	331,34	12,29	13,74
Luxemburg	232 254	441 785	431,88	18,60	9,78
Namur	364 489	366 024	290,76	7,98	7,94
Zusammen und Durchschnitt	7 386 444	2 945 503	4332,18	5,87	14,71

Zum Vergleich mögen die statistischen Zahlen der nebenbahnähnlichen Kleinbahnen Preußens vom Jahre 1908 dienen:

Genehmigt sind	9 015,52 km	
Es entfallen auf	10 000 Einwohner	2,32 km
„ „ „	10 000 ha	2,59 „

Das größte Kleinbahnnetz weist somit Westflandern, die meisten Kleinbahnen im Verhältnis zur Einwohnerzahl Luxemburg und im Verhältnis zur Flächengröße wiederum Westflandern auf.

Neben dem großen Kleinbahnnetz der Société nationale verschwinden die Privat-Kleinbahnen fast vollständig; es gibt deren nur 7 mit insgesamt 70 km Bahnlänge.

Die ganze Bahnlänge der bis Ende 1909 genehmigten belgischen Kleinbahnen beläuft sich auf 4402 km, d. h. ungefähr 95 % des Bahnnetzes der Hauptbahnen.

Während anfänglich die Kleinbahnen ausschließlich mit Dampf betrieben wurden, ging man im Jahre 1894, also ungefähr zu derselben Zeit wie in Deutschland, zum elektrischen Betrieb über, und zwar zunächst auf der 11,5 km langen Strecke von Brüssel nach Petite-Espinette. Es gelangte hier das oberirdische Leitungssystem zur Anwendung. Der Erfolg der Betriebsumwandlung war zufriedenstellend, da die kilometrische Einnahme dieser Strecke, die im Jahre 1894 beim Dampfbetrieb 24 410 fr betragen hatte, schon nach 2 Jahren auf 32 700 fr (34 % Zunahme), vier Jahre später auf 50 000 fr (Zunahme 53 %) und sieben Jahre später auf 76 500 fr. (Zunahme 53 %) gestiegen ist. Im ganzen hat während der genannten dreizehn Jahre die Zunahme 213 % betragen.

Das Ergebnis war so befriedigend, daß man im Jahre 1896 an die Einrichtung der Kleinbahnen du Centre (bei La Louvière und in der Umgebung von Charleroi) für den elektrischen Betrieb herantrat, und zwar ebenfalls mit dem Erfolge, daß die Einnahmen bedeutend zunahmen. Hieran schloß sich die Umwandlung des Betriebes der Bahnen von Lüttich und von Borinage. Die Arbeiten für den elektrischen Teil der Bahnen wurden anfänglich einer amerikanischen Firma, später großenteils der deutschen Industrie übertragen. Ende 1909 waren von 3448 km nur ungefähr 242 km elektrisch betrieben (d. h. etwa 7 %), ein ähnliches Verhältnis, wie es auch bei den preußischen nebenbahnähnlichen Kleinbahnen besteht.

Der elektrische Strom wurde anfänglich aus eigenen Bahn-Kraftwerken entnommen, später ging man aber immer mehr dazu über, den Strom aus fremden Kraftwerken zu beziehen. Schon in der Borinage wurde die Stromlieferung einer Privatgesellschaft übertragen, seit 1906 ist auch die eigene Stromlieferung für die Bahn Brüssel—Petite-Espinette zugunsten der Gesellschaft La Bruxelloise eingestellt. Die Gründe, welche die Société nationale hierzu bewogen, bestanden zunächst in dem Wunsche, das Kapital nicht ohne Not zu vergrößern, sodann scheute man davor zurück, sich angesichts der raschen und beständigen Fortschritte auf dem Gebiete der Elektrizität auf irgendein System festzulegen, um möglicherweise schon nach kurzer Zeit mit neuer Kapitalaufwendung Umänderungen in der Stromerzeugung vornehmen zu müssen. Schließlich bestand auch der Wunsch, sich von den Unfällen und Betriebsstörungen unabhängig zu machen, denen ein Elektrizitätswerk ausgesetzt sei, und denen man nur durch erhebliche und kostspielige Reserven vorbeugen könne; solche Reserven seien aber nur bei sehr großen Kraftwerken mit umfangreicher Stromerzeugung am Platze. Dem Einwand, daß die Société durch die Stromlieferungsverträge sich von fremden Betrieben abhängig mache, glaubt man genügend begegnen zu können durch Kautionen und Strafgelder, die man vertraglich festlegt, und die die Société nationale gegen alle Einnahmeausfälle schützen sollen.

Mit dieser Frage, die auch außerhalb Belgiens eine große Rolle gespielt hat und noch spielt, hat sich die öffentliche Kritik mehrfach beschäftigt. Man hat darauf hingewiesen, daß die Société nationale in ihren Verträgen namentlich eine Unternehmergruppe bevorzuge, daß das kleine Elektrizitätswerk für die Linie von Brüssel nach Petite-Espinette zu Cureghem lange Jahre zur Zufriedenheit aller Beteiligten den Strom geliefert habe, daß in le Centre, wo der Betrieb von einem Gemeindeverbande übernommen ist, die Société nationale ein Elektrizitätswerk unter Beihilfe der Provinz Hennegau in La Louvière gebaut habe, das ebenfalls gute Ergebnisse zeige, und daß keine Provinz sich jemals geweigert habe, zu dem für das Kraftwerk erforderlichen Kapital beizusteuern. Die Société könne daher Kapital zum äußerst niedrigen Verzinsungs- und Tilgungssatz von nur 3½ % beschaffen, während jedes Privatunternehmen seinen Aktionären für Verzinsung allein 5 % oder 6 % rechnen müsse.

Die Frage der Stromlieferung ist eine durchaus wirtschaftliche Frage, sie kann nicht allgemein, sondern muß von Fall zu Fall entschieden werden; das eine ist nur sicher, daß ein Bahn-Kraftwerk sich in der Regel durch eine auf alle Tagesstunden ziemlich gleichmäßig verteilte Krafterzeugung auszeichnet, also diejenige Eigenschaft besitzt, die eine billige Stromerzeugung ermöglicht.

Ob es darum aber zweckmäßig ist, den elektrischen Strom für den Bahnbetrieb selbst zu erzeugen oder ihn aus einem anderen großen Werk zu beziehen, hängt von einer Reihe von Faktoren ab und bedarf in jedem einzelnen Falle der sorgfältigsten Prüfung.

Die Société nationale baut, wie sich aus dem Folgenden ergibt, nicht allein die Bahnstrecken, sondern liefert auch die Betriebsmittel. Ende 1909 verfügte die Gesellschaft über 645 Lokomotiven, 6439 Güter- und Gepäckwagen, 1650 Personenwagen für Dampfbetrieb und 661 Personenwagen für elektrischen Betrieb, davon 338 Triebwagen. (In Preußen waren im Jahre 1908 auf den nebenbahnähnlichen Kleinbahnen 1099 Lokomotiven und 18 215 Fahrzeuge aller Art vorhanden.) Von den im Betriebe befindlichen Kleinbahnen der Société nationale sind 24 nur für Personen- und Gepäckbeförderung, 120 für Personen- und Güterbeförderung genehmigt. Bisher hat die Société nationale insgesamt für ungefähr 204 Millionen fr Arbeiten und Lieferungen vergeben, das sind aufs Jahr 8 Millionen fr Darunter befinden sich 20,37 Millionen Aufträge für elektrische Teile, die in letzter Zeit immer mehr werden. Seit Ende 1908 sind für rund 3,3 Millionen fr Aufträge für elektrische Teile vergeben worden.

Die Roheinnahmen des Bahnnetzes haben im Jahre 1909 betragen: 20 228 208,11 fr gegen 18 991 353,73 im Jahre 1908; sie entwickelten sich wie folgt:

Jahr	Kilometer in Betrieb	Roheinnahme fr	Einnahme pro km Bahnlänge fr
1887	315	965977	3 080
1890	733	2 929875	4 000
1895	1258	5 903464	4 700
1900	1840	9 841515	5 360
1905	2717	15 187412	5 670
1906	2919	16 736288	5 750
1907	3068	17 782540	5 800
1909	3448	20 228208	5 870

Die Karte, die dieser Abhandlung beigefügt ist, bezeichnet in schwarz das Hauptbahnnetz und in rot die genehmigten Kleinbahnen. Es ist anzunehmen, daß, nachdem die Entwicklung des Kleinbahnwesens in kaum 25 Jahren zu einer Bahnlänge von mehr als Zweidrittel der Staatsbahn-Bahnlänge geführt hat, zu deren Entwicklung die Hauptbahnen 73 Jahre nötig hatten, das Kleinbahnnetz in absehbarer Zeit schon an Größe das Hauptbahnnetz überflügeln wird.

V. Kapitalbeschaffung.

Das Gesetz von 1884/85 sagt über die Beschaffung des zum Bau der Kleinbahnen erforderlichen Kapitals folgendes:

„Artikel 4. Die Genehmigungen werden der Société nationale erst dann erteilt, wenn die Voraussetzung dazu erfüllt ist durch Zeichnung einer solchen Zahl Aktien, die zum Bau und eventuell zur Inbetriebsetzung der zu genehmigenden Bahn ausreichen.

Artikel 9. Die Beteiligung des Staates beim Zeichnen von Aktien der Société nationale darf die Hälfte des Nominalbetrages des Bahnkapitals nicht übersteigen, sofern nicht ein Gesetz anders bestimmt.

Artikel 10. Die Regierung wird ermächtigt, Dritten gegenüber zu Bedingungen, die sie festsetzt, die Bürgschaft für Verzinsung und

Tilgung der Schuldverschreibungen zu übernehmen, die von der Société nationale als Gegenwert für die von den Gemeinden, Provinzen und dem Staat zu zahlenden Renten ausgegeben werden. Die Verpflichtungen des Staates in der Bürgschaft für die Schuldverschreibungen dürfen die gesetzlich festgesetzten Beträge nicht übersteigen."

Das Gesetz und die Beratung, die dem Gesetz vorausging, lassen erkennen, daß man nicht ohne Vorsicht daran heranging, Kapital und Kredit der Provinzen und der Gemeinden zu diesen Unternehmungen zu beanspruchen, deren Erfolg zur damaligen Zeit sehr unsicher schien. Man suchte deshalb nach Mittel und Wegen, sich das Geld möglichst billig zu verschaffen, ohne die Anleiheschuld der Provinzen und Gemeinden übermäßig zu vergrößern, und glaubte den besten Weg darin gefunden zu haben, daß man von der Kapitalbeschaffung durch Staat, Provinzen und Gemeinden völlig absah und die Société nationale ihrerseits das Kapital in Form von Schuldverschreibungen zu billigem Zinsfuß unter Bürgschaft des Staates beschaffte. Staat, Provinzen und Gemeinden mußten nur die Verpflichtung übernehmen, die Schuldverschreibungen durch Rentenzahlungen im Laufe von 90 Jahren unter Zugrundelegung einer Annuität von 3,5 %, seit dem Jahre 1898 von 3,65 % zu verzinsen und zurückzuzahlen. Gemeinden, Provinzen und Staat sind berechtigt, entweder das Kapital für die von ihnen übernommenen Aktien voll einzuzahlen oder aber das Rentensystem anzunehmen, wodurch eine Mehrbelastung ihrer Anleiheschuld vermieden wird. Von dieser außerordentlichen Erleichterung, in der man unbedingt einen der Hauptgründe für das schnelle Emporwachsen der Kleinbahnen in Belgien erblicken muß, haben naturgemäß bisher fast alle Aktionäre (mit Ausnahme von dreien) stets Gebrauch gemacht.

Für die einzelne Gemeinde gestaltet sich die Rechnung etwa wie folgt. Nimmt man an, daß der auf die Gemeinde entfallende Anteil des Baukapitals irgendeiner Bahn 100 000 fr beträgt, so werden 100 Aktien zu 1000 fr auf den Namen der Gemeinde ausgefertigt. Anstatt aber 100 000 fr einzuzahlen, verpflichtet sich die Gemeinde, auf die Dauer von 90 Jahren 3½ %, d. h. 3500 fr, oder 3,65 %, d. h. 3650 fr jährlich zu zahlen. Nach Abschluß des Betriebsjahres wird der auf das betreffende Bahnunternehmen entfallende Reingewinn in Form einer Dividende verteilt. Ist diese Dividende höher als 3½ % (oder 3,65 %), so erhält die Gemeinde das Mehr ausbezahlt, ist sie geringer, so hat die Gemeinde ihrerseits das Fehlende an die Société nationale abzuführen. Übrigens hat jede Gemeinde auch das Recht, ihre Aktien zu veräußern, doch hat bisher nur eine Gemeinde der Provinz Antwerpen von diesem Recht Gebrauch gemacht.

Eine besondere Prüfung erforderte die Frage, in welchem Verhältnis das zum Bau einer Bahn erforderliche Kapital von den drei Beteiligten,

Staat, Provinz und Gemeinde. aufzubringen sei. Das Gesetz bestimmt nicht, daß alle drei beteiligt sein müssen, es war vielmehr die Absicht des Gesetzgebers, jeder der drei beteiligten Behörden die freie Entschließung über ihre Beteiligung vorzubehalten; weder Staat noch Provinz oder Gemeinden sind daher gezwungen, sich an dem Unternehmen zu beteiligen. In der Regel halten aber Provinz und Staat ihre Zusage so lange zurück, bis die interessierten Gemeinden ihrerseits eine Beteiligung zugesagt und damit ihrer Überzeugung von einem hinreichenden Verkehrsbedürfnis Ausdruck verliehen haben. Anfänglich bedurfte es mancher Überredung und zeitraubender Arbeit, um die Bahnen ins Leben zu rufen und das nötige Kapital zu sichern, da zunächst, namentlich bei den Gemeinden, starke Zweifel an der Ertragsfähigkeit der geplanten Bahnen bestanden. Hinsichtlich des Verhältnisses der Aktien-Übernahme bildete sich allmählich bei den größeren Verwaltungen, Staat und Provinzen, ein System heraus. Bei den ersten Linien hat der Staat sich durchweg mit einem Viertel des Kapitals beteiligt; da sich aber im Laufe der Zeit klar herausstellte, daß die Kleinbahnen dem ganzen Lande großen Nutzen brachten, und andererseits das Risiko für den Staat nicht übermäßig war, so entschloß sich im Jahre 1896 schon der damalige Finanzminister de Smet de Nayer, in Zukunft die Beteiligung des Staates für alle Kleinbahnen auf die Hälfte des erforderlichen Kapitals, also auf die durch Art. 9 des Gesetzes bestimmte Höchstgrenze, festzusetzen. Von den Provinzen haben 5 ihre Beteiligung auf $\frac{1}{3}$ festgelegt, nämtlich Antwerpen, Lüttich, Luxemburg, Limburg und Namur, die vier anderen Provinzen Brabant, Hennegau und die beiden Flandern haben ihre Beteiligung auf $\frac{1}{4}$ eingeschränkt. Auf die beteiligten Gemeinden entfällt somit jetzt $\frac{1}{6}$ oder $\frac{1}{4}$, je nach der Provinz, zu der sie gehören. Dieser Betrag wird von der Gesamtheit der durch die neue Bahn berührten Gemeinden übernommen. Über die Verteilung des Betrages auf die einzelnen Gemeinden besagt das Gesetz ebenfalls nichts. An und für sich ist es das natürlichste, wenn jede Gemeinde sich nach dem Umfang ihres Interesses am Kapital beteiligte; es ist aber nicht leicht, zur Bewertung dieses Interesses einen geeigneten Maßstab zu finden. Die Société nationale versuchte einen solchen schon bei den ersten Fällen dadurch herzustellen, daß sie nicht nur die Länge der Strecke, die auf die Gemeinde fällt, oder die Einwohnerzahl der Gemeinde allein berücksichtigte, sondern beide Faktoren gleichmäßig zugrunde legte. Das System hat sich bewährt und wird neuerdings fast allgemein von den beteiligten Gemeinden angewendet, eine Vorschrift bedeutet es aber nicht.

Wenn das Gesetz darauf hinausging, in erster Reihe die Allgemeinheit für den Bau der Kleinbahnen heranzuziehen, so vermied es andererseits, die Beteiligung der Privatpersonen völlig auszuschließen, allerdings mit der Einschränkung, daß diese niemals die Mehrheit des Kapitals, sondern höchstens ⅓ des Kapitals jeder Bahn vertreten können. Um denjenigen Teil der Aktien, der von Privatpersonen übernommen wird, vermindert sich der Anteil der Gemeinden. Ein Unterschied besteht in der Behandlung der privaten Aktionäre aber insofern, als diese von dem Rentensystem keinen Gebrauch zu machen berechtigt sind, ihren Anteil vielmehr auf einmal einzahlen müssen. Da Privatpersonen höchstens ⅓ des Kapitals übernehmen dürfen, so sind nach dem Gesetz, selbst wenn der Staat bis auf 50 % und Privatpersonen auf 33 % des Kapitals gehen sollten, die übrigens 17 % auf alle Fälle der Provinz und den Gemeinden vorbehalten.

Ende 1909 belief sich das für die genehmigten Linien aufgewandte oder von den Beteiligten übernommene Kapital auf 281 799 000 fr, also: mehr als ¼ Milliarde; davon haben übernommen[1]):

der Staat	42,5 %
die Provinzen	28,3 %
die Gemeinden	27,8 %
und Private	1,4 %

Nachdem durch Kabinettsorder vom 8. September 1909 die Ausgabe weiterer 100 000 000 fr Schuldverschreibungen zum Zinsfuße von 3 % genehmigt worden ist, setzt sich die Schuld der Société nationale wie folgt zusammen:

Jahr	Betrag in Millionen fr	Zinsfuß
1885	30	2½ %
1890	15	3 „
1892	18	3 „
1895	35	3 „
1900	50	3 „
1903	100	3 „
1909	100	3 „
	348	

Ohne Zweifel ist das System der Kapitalbeschaffung, wie es durch das Gesetz festgelegt ist, eine der interessantesten und eine der genialsten Seiten in dem eigenartigen Ausbau des belgischen Kleinbahn-Werkes.

[1]) Die im Königreich Preußen im Jahre 1908 vorhandenen 6168 km nebenbahnähnlichen Kleinbahnen haben ein Baukapital von 457,405 Mill. Mark erfordert, also pro Kilometer rund 75 000 M. Hierzu haben beigetragen

der Staat	85,83 Mill.	= 15,7 %
die Provinzen	68,61 „	= 12,6 „
die Kreise und Gemeinden	127,78 „	= 23,5 „
die Nächstbeteiligten	63,85 „	= 11,7 „
Aktien und Obligationen	200,89 „	= 36,5 „

Das System hat den Vorzug, das Wagnis der Unternehmung auf die Schultern derjenigen zu verteilen, die durch indirekte Gewinne in der Lage sind, Verluste zu tragen; denn es ist klar, daß der indirekte Vorteil der Bahnen allen drei Beteiligten, dem Staat, den Provinzen und den Gemeinden zufällt. Das System hat auch den großen Vorzug, das Risiko auf so viel Schultern zu verteilen, daß die Last für den Einzelnen, namentlich für die einzelne Gemeinde, nicht übermäßig wird. Das System ist allerdings den belgischen Verhältnissen angepaßt, und was in dem verhältnismäßig kleinen und gleichmäßigen Lande wie Belgien möglich ist, läßt sich nicht ohne weiteres auf andere Länder übertragen.

VI. Genehmigungsverfahren und Bau-Vorbereitung.

Die Entstehung einer Kleinbahn erfolgt gewöhnlich, wie nicht anders zu erwarten ist, auf Anregung der interessierten Gemeinden. Durch einen Beschluß der Gemeindevertretungen wird die Société nationale ersucht, die Bahn auf ihre Ertragsfähigkeit hin zu prüfen. Die Gemeinden verpflichten sich gleichzeitig zur Übernahme eines Kapitalanteiles sowie zur Übernahme der Prüfungskosten für den Fall, daß der Entwurf nicht ausgeführt wird. Eine vorherige Festsetzung dieser Kosten durch die Société nationale erfolgt nicht; diese muß sich vielmehr freie Hand behalten, da sie ihr eigenes Kapital nur für solche Bahnen verwenden darf, die sie baut, nicht für solche, die aus dem Bereich der Vorermittelungen nicht herauskommen.

Wenn die Gemeinden ihre Beschlüsse gefaßt haben, wird die Bahnlinie in eine Generalstabskarte eingetragen und dieser Vorentwurf der Regierung eingereicht mit dem Antrage, die Vorarbeiten zu genehmigen. Die Verhandlungen gehen alsdann zunächst an das Kriegsministerium zur Stellungnahme vom Standpunkt der Landesverteidigung aus und an das Ministerium für Eisenbahnen, Post und Telegraphen mit Rücksicht auf etwaigen Wettbewerb zur Staatsbahn. Die Erfahrung hat gezeigt, daß Kriegsministerium und Eisenbahnministerium von ihrem Einspruchsrecht nur selten Gebrauch machen, im ganzen bisher etwa bei 7 % der Bahnlänge der zur Genehmigung beantragten Linien. Bemerkenswert ist, daß das Eisenbahnministerium in den Kleinbahnen einen ernstlichen Wettbewerber nicht fürchten zu müssen glaubt, obwohl, wie ein Blick auf die Karte zeigt, die Kleinbahnen in vielen Fällen die kürzere Verbindungslinie zwischen zwei Bahnhöfen der Hauptbahnen bilden, so daß der Verkehr eigentlich über die Kleinbahn gehen müßte, wenn nicht infolge der Tarifpolitik des Staates die kürzere Linie die teurere wäre. Auf diesen Punkt wird an anderer Stelle noch zurückzukommen sein. (Vgl. „Spurweite“ und „Tarife“.) Jedenfalls erblickt der Eisenbahnminister in den Kleinbahnen nur einen nützlichen Zubringer zu den Hauptbahnen, der aus diesem Grunde und weil er den allgemeinen Wohlstand fördert, nach jeder Richtung hin Unterstützung verdient. Bei einigen Kleinbahnen, in denen man anfänglich Wettbewerbslinien der Staatsbahn erblicken zu müssen glaubte, ist nach Inbetriebnahme der Kleinbahn eine Vermehrung der Einnahmen der Staatsbahnhöfe festgestellt worden, ein klarer Beweis dafür, wie förderlich das Vorhandensein der Kleinbahnen für die Einnahmen und für die Überschüsse der Staatsbahn ist.

Nach dieser Abschweifung zurück zum Genehmigungsverfahren. Wenn beide Ministerien ihre Zustimmung gegeben haben, wird vom Minister für Landwirtschaft, Industrie und öffentliche Arbeiten die Erlaubnis zur Ausführung der Vorarbeiten erteilt. Das Ergebnis der Vorarbeiten hat die Société nationale sodann mit dem eigentlichen Genehmigungsantrage der Regierung vorzulegen. Das Ergebnis ist gemäß der Königl. Order vom 22. Juli 1885 in einer Denkschrift, die u. a. eine Beurteilung des Unternehmens vom allgemeinwirtschaftlichen Standpunkt aus enthalten muß, zusammen zu fassen. Beizufügen ist ein Kostenanschlag, eine Ertragsberechnung sowie Lagepläne im Maßstab 1 : 20 000, 1 : 2500 und 1 : 200 (diese für eng bebaute Teile des Geländes), Längen- und Querprofile und Einzelpläne der Bauwerke, Gleise usw. Die Vorarbeiten gehen vom Ministerium für Ackerbau, Industrie und öffentliche Arbeiten an das Finanzministerium und wiederum an das Eisenbahnministerium. An ersteres hauptsächlich zur Stellungnahme zu der Frage, ob der Staat sich mit Kapital an dem Unternehmen beteiligen soll. Wird diese Frage bejaht, so ist es Aufgabe der Société nationale, sich zwecks Erlangung des weiteren Kapitals an Provinz und Gemeinden zu wenden. Wenn dies geschehen ist, beginnt die Prüfung des Entwurfs. Die Société nationale, die zur Bearbeitung dieses umfangreichen Stoffes — Ende 1909 befanden sich 143 Bahnlinien mit 1936 km Länge im Stadium des Genehmigungsverfahrens oder der Vorprüfung — abgesehen von den technischen Provinzial-Bureaus über 86 im Lande verteilte Abteilungen verfügt, pflegt sich bei ihren Vorarbeiten möglichst im Einvernehmen mit den Behörden der von der Bahn berührten Gemeinden zu halten.

Überblickt man dieses Genehmigungsverfahren, so fällt ein wesentlicher Unterschied gegenüber dem in Preußen üblichen Verfahren auf, der in der beiderseitigen Gesetzgebung begründet ist. In Preußen muß der Kleinbahnunternehmer, bevor er den Antrag auf Genehmigung stellt, die Zustimmung des Unterhaltungspflichtigen der von der Kleinbahn zu benutzenden öffentlichen Wege beibringen. Dabei ist der Unterhaltungspflichtige nach dem Gesetz berechtigt, für die Hergabe des Weges, abgesehen von der Erstattung der für Wegeverbreiterungen oder Veränderungen aufzuwendenden Kosten, „ein angemessenes Entgelt" (§ 6 des Preuß. Kleinbahngesetzes von 1892) zu beanspruchen; außerdem steht ihm das Recht zu, die Kleinbahn als Ganzes käuflich zu übernehmen. Diese Bestimmungen haben wiederholt zu erheblichen Meinungsverschiedenheiten zwischen Wegeunterhaltungspflichtigen — in den meisten Fällen die Gemeinden oder Provinzen — und den Kleinbahnunternehmern geführt, und wenn auch nach § 7 des Preuß. Kleinbahngesetzes der Unternehmer in der Lage ist, die verweigerte Zustimmung des Wegeunterhaltungspflichtigen zwangsweise herbeizuführen, so hat die Erfahrung doch gezeigt, daß in Preußen die Kleinbahnen mit verhältnismäßig hohen Abgaben zugunsten der Wegeunterhaltungspflichtigen belastet sind. In Belgien sind weder dem Straßeneigentümer noch Wegeunterhaltungspflichtigen ähnliche Rechte eingeräumt. Schon dadurch, daß an dem Zustandekommen der Kleinbahn alle drei öffentliche Gewalten, Staat, Provinz und Gemeinden, die auch in Belgien fast ausnahmslos die öffentlichen Straßen besitzen und unterhalten, interessiert sind, regelt sich die Frage der Zustimmungserteilung zur Wegebenutzung von selber. Übrigens ist die Société nationale auch befugt, erforderlichenfalls die fehlende Zustimmung zur Wegebenutzung durch das Enteignungsverfahren zu ergänzen. Wenn man in Belgien von einem Entgelt für Straßenbenutzung abgesehen hat, so ging man dabei von der Erwägung aus, daß durch die Kleinbahnen ein Teil des Verkehrs der Straße von dieser abgezogen und auf die Kleinbahnen geleitet wird, wodurch eine Entlastung der Straße und eine Ersparnis an Unterhaltungskosten erzielt wird, vorausgesetzt allerdings, daß die Straße in ihrer Breite und Benutzbarkeit nicht nennenswert beschränkt wird. Es wird an die Straßenbenutzung in Belgien seit einiger Zeit die Bedingung geknüpft, daß außerhalb des Kleinbahnprofiles bis zum gegenüberliegenden Straßengraben oder Fluchtlinie ein gewisses Mindestmaß für den öffentlichen Verkehr zur Verfügung stehen muß, wenn die Bahn an einer Seite der Straße auf abgetrenntem Bankett angelegt wird. Ein zweiter Grund für die unentgeltliche Hergabe der Straßen ist der, daß aus der Förderung und finanziellen Kräftigung der Kleinbahnen auch die drei Wegeeigentümer als Aktionäre indirekt erheblichen Nutzen ziehen. Es kann keinem Zweifel unterliegen, daß der Grundsatz einer möglichsten Schonung der Kleinbahnen bei der Benutzung öffentlicher Wege zu der glänzenden Entwicklung des belgischen Kleinbahnwesens mit beigetragen hat. Ein wesentlicher Unterschied des belgischen und preußischen Genehmigungsverfahrens besteht auch darin, daß in Belgien die Genehmigung der Kleinbahnen seit 1. 1. 1895 vom Eisenbahnminister, der Straßenbahnen vom Minister der öffentlichen Arbeiten erteilt wird, während in Preußen zur Genehmigung auf Grund der vom Minister der öffentlichen Arbeiten auszusprechenden Freigabe-Erklärung der Regierungspräsident in Verbindung mit der zuständigen Eisenbahndirektion berufen ist.

Das fertige Genehmigungsgesuch der Société nationale enthält die Pläne, den Kostenanschlag mit Ertragsberechnung, den Erläuterungsbericht, der während der Vorarbeiten oft neu bearbeitet wird, einen Entwurf für die Tarife u. a. Das eigentliche Genehmigungsverfahren, dem dieser Entwurf unterzogen wird, erstreckt sich zunächst auf die Planfeststellung in jedem von der Bahn berührten Gemeindebezirk. Zu diesem Zweck wird der Plan 15 Tage lang nach vorheriger öffentlicher Bekanntmachung im Gemeindehause offengelegt. Alle Einsprüche werden in einer Niederschrift aufgenommen. Innerhalb der nächsten 8 Tage darf der betreffende Gemeinderat seine Meinung über den Entwurf äußern. Die Äußerungen der Gemeinderäte gehen an den ständigen Provinzialrat und mit dessen Äußerung sowie dem Gutachten der technischen Abteilungen der Gemeinden, Provinzen und des Staates an den Minister der öffentlichen Arbeiten. Die gegen den Plan erhobenen Einwendungen werden der Société nationale zur Äußerung mitgeteilt, woraufhin der Minister die Entscheidung trifft. Ist eine wesentliche Änderung der Pläne nötig, so entscheidet der Minister, ob das Verfahren — diesmal mit etwas abgekürzten Fristen — zu wiederholen ist. Ist dies nicht der Fall, so erfolgt die Ausfertigung der Genehmigung nebst den Genehmigungsbedingungen. Die festgestellten Pläne dienen als Unterlage für den Grunderwerb und das Enteignungsverfahren.

Das Enteignungsverfahren wickelt sich nach ähnlichen Grundsätzen ab wie in Preußen: Planfeststellung, Enteignungsbeschluß, Festsetzung der Entschädigung mit Berufung an die ordentlichen Gerichte. Es hat sich gezeigt, wie übrigens auch in anderen Ländern, daß die alten Gesetzesbestimmungen (Gesetze vom 17. April 1835, 27. Mai 1871) unter den heutigen Verhältnissen zu übermäßigen Verzögerungen und Schwierigkeiten führten, ein Umstand der in Belgien der Regierung Veranlassung gegeben hat, eine Vereinfachung der alten Gesetzgebung herbeizuführen. (Gesetz vom 9. September 1907.) Bei den ordentlichen Gerichten sind drei Instanzen zu unterscheiden: das Friedensgericht, der Appellhof und der Kassationshof.

Während nun auf Grund der festgestellten Pläne mit dem Grunderwerb vorgegangen wird, tritt man an die Bearbeitung der Entwürfe für die Bauwerke heran und an die Vorbereitung für die Ausschreibung aller Bauarbeiten. Der Grunderwerb selbst wird immer umfangreicher, da man immer mehr dazu übergeht, die Kleinbahnen auf eigenem Bahnkörper vor solchen auf der Straße zu bevorzugen. Ende 1909 war der Grunderwerb für 410 km Strecke mit verbreiterter Straße und für 1188 km Strecke auf eigenem Bahnkörper, zusammen also 1598 km Bahnlänge ausgeführt.

Wie bei anderen Eisenbahnen, so hat man auch bei den belgischen Kleinbahnen die Erfahrung gemacht, daß die Vorarbeiten und Vorverhandlungen einen erheblich längeren Zeitraum in Anspruch nehmen als die Bauausführung selbst. In vielen Fällen wird das gewöhnliche Verfahren, wie es oben geschildert ist, durch besondere Verhältnisse verzögert, so z. B. durch die Herstellung von Anschlüssen und Kreuzungen mit der Staatsbahn, die sich ihrerseits vielfach im Umbau befindet und dadurch die Fertigstellung der Kleinbahn hinausschiebt. Nachdem der Staat vor einiger Zeit zur Bedingung gemacht hat, daß Kreuzungen von Staatsbahnstrecken und Kleinbahnstrecken in Schienenhöhe nicht mehr genehmigt werden, ist der Bau der Kleinbahnen nicht nur verteuert, sondern auch vielfach verzögert worden.

Eine Behörde, die im Genehmigungsverfahren ein gewichtiges Wort mitzusprechen hat, sobald es sich um elektrischen Betrieb handelt, ist die Post- und Telegraphen-Verwaltung, die in Belgien demselben Minister unterstellt ist wie die Hauptbahnen. Die Bedingungen, die an den Bau der Kleinbahn in technischer Beziehung geknüpft werden, sind heute in allen Ländern ähnlich. Man verlangt Schutz der Schwachstromleitungen gegen direkte Berührung im Falle von Drahtbrüchen, man verlangt gute Rückleitungen durch Herstellung zweckmäßiger Verbindungen an den Schienenstößen zur Verminderung hoher Potentialgefälle, man verlangt endlich Maßregeln, um Induktionsstörungen in den Schwachstromleitungen zu vermeiden, durch Verlegung der Leitungen, durch Anbringung von Hin- und Rückleitungsdrähten u. a.

Um beim Reißen eines Telephondrahtes — diese sind in den größeren Städten nicht wie in Deutschland auf den Dächern der Häuser, sondern an haushohen eisernen Masten, die auf Straßen und Plätzen aufgestellt sind, aufgehängt — den Stromdurchgang aus den Kleinbahnleitungen zu verhüten, hat man in Belgien nach deutschem Vorgange über den Arbeitsleitungen (Fahrdrähten) einen geerdeten kupfernen Schutzdraht von geringerem Durchmesser aufgehängt.

VII. Bauausführung.

Dem Eisenbahningenieur, der die belgischen Kleinbahnen bereist, fällt sofort auf, daß beim Bau dieser Bahnen fast durchweg einheitliche Grundsätze zur Anwendung gelangt sind.

a) Die Linienführung. Nachdem man sich für die Schmalspur entschieden hatte, war es gegeben, daß zur Verlegung der Kleinbahngleise soweit irgend möglich die öffentlichen Straßen in Anspruch genommen wurden. Es geht auch aus den dem Gesetz vorausgegangenen Verhandlungen hervor, daß man anfänglich nur an Kleinbahnen auf öffentlichen Straßen dachte. Seit einigen Jahren ist man aber, wie schon erwähnt, dazu übergegangen, die Benutzung der öffentlichen Straßen immer mehr zu vermeiden. Heute sind von 3429 km Bahnstrecke 1831 km auf nicht verbreiterter Straße, 410 km auf verbreiterter Straße und 1188 km außerhalb der öffentlichen Straßen auf eignem Bahnkörper verlegt. Die Ursache dieser Wandlung besteht darin, daß die Anforderungen an die Straßenbenutzung gestiegen sind, so daß in vielen Fällen ein Landstreifen neben den Straßengraben zur Verbreiterung der Straße erworben werden mußte. Dieser Grunderwerb an der Straße entlang ist natürlich nicht billig, da es sich häufig um Baugrundstücke handelt. Dazu kam, daß sich die Unterhaltung der auf erhöhtem Planum an der einen Seite der Straße verlegten Gleise recht kostspielig gestaltete, weil das Gleis dem ganzen Straßenstaub ausgesetzt ist und die Entwässerung der einen Straßenseite durchleiten muß; der Bahnkörper neigt daher stets zur Schlammbildung, wodurch die Schwellen lose liegen und schnell faulen. Dazu kommt, daß an den Wegekreuzungen und an Toreinfahrten die seitliche Wasserrinne unterbrochen, das Gleis in Pflaster gelegt und mit Schutzschiene versehen werden muß; diese Übergangsstellen erschweren ebenfalls die Unterhaltung. Auch die übrigen Mängel einer auf der Straße verlegten Bahnstrecke stellten sich innerhalb der Ortschaften ein, so z. B. Behinderung des Verkehrs durch Fuhrwerke die im Gleis fahren, und Fußgänger, durch Fuhrwerke, die vor den Häusern halten, um dort ent- oder beladen zu werden, und dergl. Alle diese Umstände tragen außerdem dazu bei, die Fahrgeschwindigkeit zu verringern und die Unfälle zu vermehren. Man gelangte daher allmählich zu der Überzeugung, daß von Mehrkosten bei den auf eignem Bahnkörper verlegten Strecken keine Rede mehr sein konnte.

Eine für den Verkehr und die Betriebseinnahmen wichtige Frage ist bei den von den Städten ausgehenden Vorortbahnen die Einführung der Bahn in das Weichbild der Städte. Läßt man die Bahn an der Peripherie der Stadt enden, so zwingt man die Fahrgäste, um von diesem Endpunkt in die Stadt zu gelangen, in eine Straßenbahn umzusteigen, worunter die Benutzung der Vorortbahn leidet. Andererseits wird, wenn die Vorortbahn bis ins Herz der Stadt hineingeht, der Bau der Strecke, bei dem man auf die großen Wagen und langen Züge der Vorortbahnen Rücksicht nehmen muß, verteuert. Außerdem wird die Notwendigkeit, im Anschluß an die Vorortbahnen noch eine Straßenbahnstrecke zu benutzen, doch nicht für alle Fahrgäste aufgehoben.

Die Société nationale hat diese Frage meist so gelöst, daß sie einen Mittelweg einschlug und ihre Bahnen bis etwa auf die halbe Entfernung zwischen Mittelpunkt und Peripherie der Innenstadt hineinführt. So beginnen beispielsweise in Brüssel die Kleinbahn nach Enghien und Petite-Espinette an der Place Rouppe, die Kleinbahn nach Haecht an der Kirche St. Marie die Kleinbahn nach Humbeck an der Place Rogier, die Kleinbahn nach Ninove an der Place Ninove (vgl. Lageplan).

Allerdings mußte die von Ninove nach Brüssel hineingeführte Bahn, um den Wettbewerb einer Straßenbahnlinie der Société des chemins de fer économiques aufzunehmen, bis zum Nordbahnhof verlängert werden.

Etwas anders liegen die Verhältnisse in Antwerpen. Hier sind vier Bahnen ebenfalls bis an die Grenze des Stadtkerns herangeführt, drei andere dagegen sind in eine Linie zusammengeführt, die bis an die Schelde inmitten der Stadt durchgebaut ist und hier gegenüber einer auf dem anderen Scheldeufer endigenden Kleinbahn aufhört. In Gent sind die Kleinbahnen wiederum nur bis an den Stadtkern herangeführt. In den kleineren Städten, z. B. in Lüttich, Charleroi, Namur, werden die Kleinbahnen in den meisten Fällen durch die Stadt durchgeführt, häufig unter Berührung des Bahnhofes der Hauptbahnen.

Hervorzuheben ist noch, daß der kleinste Krümmungshalbmesser in den Städten zu 27,5 m, außerhalb derselben zu 90 m angenommen ist. Die stärkste Neigung beträgt für Personenzüge 1 : 13,8, für Güterzüge 1 : 25.

b) Oberbau. Der größte Achsdruck ist zu 9 t angenommen. Die Société nationale begnügt sich in der Regel mit der Verwendung von drei Schienenprofilen, einer gewöhnlichen Vignolschiene von 23 kg Gewicht pro m, einer hochstegigen Vignolschiene von 31 kgm und einer Rillenschiene Profil Phönix von 45 kgm. Erstgenannte Schiene besitzt eine Kopfbreite 45 mm, Höhe 113 mm, Fußbreite 88 mm und Stegdicke 10 mm.

Die entsprechenden Maße der hochstegigen Vignolschiene sind 45 mm, 161½ mm, 108 mm und 10 mm; die Rillenschiene hat eine Höhe von 161½ mm, Fußbreite 140 mm, Kopfbreite 50 mm, Rillenbreite in mittlerer Rillentiefe ca. 32 mm (Tafel 3 und 4).

Die niedrige Vignolschiene ist am meisten verwendet. Sie wird in Längen von 9 Metern hergestellt und ohne Querneigung auf 10 oder 11 Querschwellen verlegt. Zur Stoßverbindung dienen Winkellaschen, die an jedem Schienenende mit zwei Schrauben befestigt werden. Die hochstegige Vignolschiene wird dort verwendet, wo ein Vignolgleis auf längerer Strecke im Pflaster verlegt wird. Ursprünglich als Breitfußschiene nach Art der in Deutschland früher verwendeten Hartwich-Schiene gedacht, wird sie von der Société nationale auf Querschwellen, von denen 8 auf eine Schienenlänge von 9 m entfallen, verlegt und erhält in Abständen von $3^1/_8$ m Spurstangen aus Rundeisen (Tafel 4).

Dort, wo die Vignolschienen im Pflaster liegen, erhalten sie in der Regel seitlich zur Bildung einer 35 mm breiten Rille eine eiserne Schutzschiene angeschraubt oder eine am Schienenfuß mittels eiserner Krampen befestigte hölzerne Längsschwelle. Erstere wird über die Stöße hinübergeführt und ersetzt an der Innenseite des Gleises die Lasche. Laschen und Schutzschiene werden auch bei der hochstegigen Schiene nur mit einer Reihe Schrauben befestigt (Tafel 3).

Zu Querschwellen verwendet die Société nationale ausschließlich imprägnierte Holzschwellen von 200/120 mm Abmessungen. Die Vignolschienen werden auf Unterlagsplatten von 10 mm Dicke (unter dem Schienenfuß) von 161 mm Länge und 95 mm Breite verlegt. Ihre Befestigung auf den Schwellen erfolgt durch Schrauben, die gegeneinander versetzt sind. Die niedrige Vignolschiene wird, damit die Pflastersteine nicht auf den Schwellen aufsitzen und locker werden, an den gepflasterten Wegeübergängen auf einem gußeisernen Unterklotz von 60 mm Höho (unter dem Schienenfuß) und der gleichen Länge und Breite wie die Unterlagsplatten verlegt. Die Befestigung erfolgt auch hier durch zwei gegeneinander versetzte Tirefonds von 19 mm oberem Durchmesser.

In chaussierten Überwegen wird die niedrige Vignolschiene ohne Unterklotzung mit einer aus zwei Holz-Langschwellen gebildeten seitlichen Rille von 35 mm Breite eingebaut.

Die Rillenschiene Profil Phönix ist auf Straßenstrecken mit elektrischem Betrieb in letzter Zeit häufig verwendet worden; sie wird mit einer Querneigung 1 : 20 ohne Unterlagsplatten auf Holzschwellen verlegt und die beiderseitigen Hohlräume durch abgepaßte Ziegelsteine ausgefüllt. Die Stöße sind in einfacher Weise durch Winkellaschen mit je vier Schrauben verbunden. Eine verbesserte Stoßkonstruktion, z. B. die Stoßverschweißung, ist in größerem Umfange noch nicht zur Durchführung gelangt. Die Rillenschiene wird in 18 m Länge verlegt; auf diese Länge rechnet man 15 Schwellen und 6 Spurstangen aus Flacheisen.

Das Profil des an der Seite der Straße auf abgetrenntem Bahnkörper verlegten Oberbaues zeigt eine roh behauene Bordschwelle von ca. 300 mm Höhe, die um 150 mm über den Rinnstein hinausragt. Das Planum liegt 480 mm unter Schienenoberkante und 200 mm unter Schwellenunterkante. Die Unterstopfung wird fast ausschließlich durch Kleinschlag gebildet. Neben dem Bordstein ist eine gepflasterte Rinne angelegt, die das Straßenwasser in gewissen Entfernungen durch Drainrohre, Sickerschlitze oder, was sich am besten bewährt zu haben scheint, durch offene, aus Steinplatten gebildete Rinnen zwischen den Querschwellen hindurch zum Straßengraben leitet. Außerhalb des Straßengrabens ist ein Bankett von 50 cm Breite angelegt. Der Graben erhält Böschungen 1 : 1 (Tafel 5).

Dasselbe Neigungsverhältnis wird auch bei den Dämmen und Einschnitten des eigenen Bahnkörpers angewendet. Ist die Einschnitts-Böschung höher als 4 Meter, so wird eine Berme von 50 cm Breite angelegt und darüber die Böschung auf 1 : 1½ abgeflacht. Eine Berme wird auch bei Einschnitten in wenig standfestem Boden bei mehr als 1,5 m Höhe angelegt. Bei Dämmen geht man mit der Neigung bis auf 1 : 1½. Die Breite des Planums beim eigenen Bahnkörper beträgt 4,0 m.

Auf den elektrisch betriebenen Strecken, wo die Schienen zur Stromrückleitung dienen, sind an den Stößen Rückleitungsdrähte aus Kupfer befestigt, in gewissen Abständen außerdem kupferne Querverbindungen von einer Schiene zur anderen.

Die Weichen haben in der Regel eine Herzstückneigung von 1 : 6 und Halbmesser von 50 Meter. Zum Umstellen der Federweichen im Rillenschienengleis dient ein Vierkant, der senkrecht zur Straßenfläche in einem Schutzkasten sitzt und mittels eines uhrschlüsselsartigen Instrumentes gedreht wird.

c) Elektrische Anlagen. Mit Ausnahme einer einzigen Kleinbahn hat man auf allen elektrisch betriebenen Strecken Gleichstrom von 500 bis 600 Volt Spannung angewendet. Die Ausnahme bilden die Kleinbahnen der Borinage, wo man auf 20,65 km Bahnlänge den einphasigen Wechselstrom eingeführt hat. Die Strecke weist übrigens geringe Einnahmen (38 ctms pro Zugkm) auf und hatte im Jahre 1909 von allen belgischen Kleinbahnen den größten Betriebsverlust (79 884,40 fr). Bisher hat man sich mit diesem Versuch begnügt, und es muß bezweifelt werden, ob dieses System bei der angegebenen Bahnlänge irgendwelche Vorzüge vor dem Gleichstrom besitzt, wenn man berücksichtigt, daß die Betriebsmittel der Wechselstrombahn erheblich teurer sind als die der Gleichstrombahn und die Einführung des Wechselstroms in die Städte Schwierigkeiten verursacht. Die Entscheidung dürfte in ähnlichen Fällen künftig wohl umso eher zugunsten des Gleichstromes ausfallen, als man schon seit einiger Zeit mit Erfolg dazu übergegangen ist, die Gleichstromspannung der Leitungen auf 1000 Volt und gar 2000 Volt zu erhöhen.

Die Leitungsanlagen sind in der üblichen Weise ausgeführt; man verwendet meist eiserne Maste und zwar in den Städten Rohrmaste, die einfach gehalten sind. Als Leitungsdraht wird vielfach der profilierte Draht in 8-Form verwendet. Das System für die Speisung der Strecken, für die Anordnung der Streckenunterbrecher und Blitzschutzvorrichtungen, die Isolation und Schalldämpfung der Leitungen entspricht dem Gewöhnlichen; man findet die Ausführungen, die in Deutschland verwendet sind, auch hier.

Als Stromabnehmer benutzte man anfänglich ausschließlich die Rolle. Im Laufe der Zeit hat man sich aber wie in anderen Ländern den Vorzügen des früher viel angefeindeten Stromabnehmer-Bügels nicht verschlossen; die neueren Bahnen, z. B. die Küstenbahn bei Ostende, verwenden nur noch den Bügel.

d) Gebäude. Von besonderem Reiz sind vielfach die Wartehallen und Stationsgebäude der belgischen Kleinbahnen. Nicht alle können als Muster dienen, aber wo man in bevorzugten und verkehrsreichen Gegenden solche Gebäude errichtet hat, können sie in ihrer äußeren Erscheinung als ein Beispiel einfacher, nicht übermäßig kostspieliger, aber zweckentsprechender und gefälliger Gebäude angesehen werden. Hervorgehoben werden mögen die ältere Wartehalle an der Place Rouppe zu Brüssel und das in hellem Anstrich gehaltene Warte- und Dienstgebäude auf dem Square Marie-Joseph zu Ostende. (Tafel 9.) Auch das geräumigere Bahnhofsgebäude in Le Cock mag erwähnt werden.

Da außer der Güterabfertigung auch eine Fahrkartenausgabe in den Bahnhöfen stattfindet, so enthalten diese einen geräumigen Dienstraum mit Schalter und Fahrkartenschrank, außerdem ein Wartezimmer, Güterraum und bisweilen eine Dienstwohnung. Übrigens hat die Société nationale ihren Grundsätzen möglichster Sparsamkeit entsprechend die Zahl der Gebäude auf das notwendigste Maß beschränkt und in Einzelfällen sich mit Mieträumen begnügt.

e) Rollendes Material. Zu unterscheiden ist zwischen den Betriebsmitteln der Dampfbahnen und solchen der elektrischen Bahnen. Die Société nationale ist im Begriffe, als dritte Art Betriebsmittel für einen benzol-elektrischen Betrieb, mit dem sie auf der Strecke von Petite-Espinette nach Waterloo und Rhode einen Versuch machen will, hinzuzufügen.

Im Dampfbetrieb hatte Ende 1909 die Société nationale 645 Lokomotiven, 1650 Personenwagen und 6408 Güter- und Dienstwagen angeschafft. Es entfielen

auf eine	Lokomotive	4,972	km	Bahnlänge
„ einen	Personenwagen	1,872	„	„
„ „	Gepäckwagen	8,574	„	„
„ „	Güterwagen	0,537	„	„

Die Gesellschaft verwendet Straßenlokomotiven von 18 t Dienstgewicht, deren Länge zwischen den Puffern 6202 mm beträgt, und solche von 27 t Dienstgewicht, deren Länge sich auf 7028 mm beläuft. Anstatt der kleineren Lokomotive ist neuerdings eine etwas verstärkte Type mit Überhitzer eingeführt worden. Bei der größeren Lokomotive beträgt die größte Höhe 3650 mm, die Pufferhöhe in der Achse 561 mm. Die Lokomotive ist 3achsig, der Achsenabstand ist 1000 mm, der Raddurchmesser 850 mm, der Kessel hat eine Länge von 1864 mm, einen Durchmesser von 1200 mm und einen Inhalt von 3400 l. Die gesamte Heizfläche ist zu 47,60 qm bemessen, die Rostfläche zu 0,945 qm, die zulässige Dampfspannung ist 12 Atmosphären, die Rauchröhren, deren 191 vorhanden sind, haben einen Durchmesser von 35 mm, ihre Wanddicke ist 2½ mm. Der Dampfzylinder ist bei einem Durchmesser von 350 mm 500 mm lang (Tafel 6).

Im Dampfbetrieb werden 2achsige und 4achsige Personenwagen verwendet, und zwar solche mit erster und zweiter Klasse, solche mit nur 2. Klasse und solche, die außer Fahrgästen Güter aufnehmen oder ein Postabteil enthalten. In der zweiten Klasse sind Querbänke mit Mitteldurchgang eingebaut, je zwei Plätze nebeneinander auf jeder Seite des Durchganges. Da der Wagen nur eine Außenbreite von 2,320 m besitzt, so ist die Anordnung der Plätze unbequem. In der ersten Klasse ist auf der einen Seite des Durchganges eine Längsbank, auf der anderen Querbänke mit je zwei Plätzen nebeneinander angeordnet, oder ebenfalls eine Längsbank (Tafel 8).

Der Perrontürverschluß besteht meistens aus einer drehbaren Gittertür, die durch eine einfache Klinke geschlossen gehalten und nach dem Perron hin geöffnet wird. Die Wagenfenster sind zum Teil herablaßbar. Zur Beleuchtung dienen Öllampen, die Heizung geschieht mittels Briketts.

Die Normalien für die Betriebsmittel im Dampfbetrieb sind seit den 80er Jahren im wesentlichen heute noch in Anwendung.

Im elektrischen Betrieb besitzen die älteren Triebwagen kein besonderes Untergestell, sondern sind mittels Blattfedern auf den Laufachsen unmittelbar aufgelagert. Zur Erzielung einer doppelten Federung sind aber die Blattfedern an jedem Ende in einer Spiralfeder aufgehängt. Der Radstand beträgt 2400 mm, der Raddurchmesser 900 mm, die Länge des Wagens ohne die Puffer 7900 mm, die des Kastens 5100 m. Die Achsen haben eine feste Lagerung. In der Mitte des Perronbleches ist ein Durchgang von einem Wagen zum anderen für die Schaffner vorgesehen, daher der Schalter zur Seite gerückt. Diese Einrichtung besteht nicht, wo der Perron eine Glasschutzwand besitzt, wie dies bei den neueren Triebwagen meistens der Fall ist.

Zum Bau der Wagen wird vorwiegend Pitch-pine- und Teak-Holz verwendet.

Durch eine elegante und hübsche Innenausstattung zeichnen sich die Wagen der elektrischen Küstenbahn von Ostende nach Blankenberghe aus. In der ersten Klasse ist das Wageninnere mit hellbraunem Holz und schwarzem Leder oder Plüsch ausgestattet, der Fußboden mit Linoleum und Kokosläufer belegt, die Querbänke mit breiter Holzlehne versehen, an den Fenstern Schirmhalter und Aschenteller. In den Beiwagen hat man in der ersten Klasse Klapplehnbänke amerikanischen Systems mit Rattangeflecht verwendet. Die Wagen, die übrigens auch eine größere Breite besitzen als die oben erwähnten, haben hellgelben Außenanstrich und zeichnen sich durch ihr freundliches Äußere aus.

Außer der Handbremse besitzen alle Wagen eine durchgehende einfach wirkende, also nicht selbstätige Luftdruckbremse System Böker.

Als man zuerst an die Schaffung von Normalien für die Betriebsmittel herantrat, war es besonders wichtig, eine passende Kuppelung zu finden, um spätere Änderungen, die im Betrieb sehr unbequem sind, zu vermeiden. Das Modell, das man damals anwandte, hat sich bewährt und wird auch heute noch mit Nutzen beibehalten. Der in der Mitte des Wagens sitzende Puffer wird durch eine Evolutenfeder gefedert. der Pufferkopf besteht aus einer kreisförmig gebogenen Eisenplatte von rund 300 mm Höhe und 500 mm Breite. Unter ihm sitzt die Kuppelung: an einer um eine vertikale Achse drehbaren Traverse ist an der einen Seite der Kuppelhaken, an der anderen, durch einen Schraubenbolzen befestigt, die Kuppelkette aufgehängt. Beim Kuppeln der Wagen werden beide Ketten in die Haken eingehängt und mittels Spindel in ihrer Länge so weit gekürzt, daß die Pufferköpfe sich berühren und ein Lösen der Kuppelung ausgeschlossen ist (Tafel 7).

f) Sicherungsanlagen. Zur Streckensicherung dient das Telephon. Telegraph wird nicht verwendet.

VIII. Baukosten.

Die Höhe des bis Ende 1909 für die gebauten Strecken gezeichneten Kapitals beläuft sich auf 242 494 000 fr. Die wirklichen Baukosten sind um 9 349 882,59 fr höher gewesen. Die Überschreitung, die sich somit auf 3,86 % der Gesamtsumme beläuft, ist entstanden beim Bau von Kleinbahnen, deren Kapital 80 680 000 fr beträgt; auf diese Summe bezogen beträgt die Überschreitung 11,59 %. Dieser Betrag wird von der Société nationale vorgeschossen und mit 4 % Zinsen in Rechnung gestellt. Die Durchschnittskosten der Kleinbahnen haben sich in den letzten Jahren ständig erhöht, sie betrugen einschl. Betriebsmittel pro 1 km für die Dampfbahnen

1890	43 027 fr
1895	46 669 ,,
1900	47 559 ,,
1905	55 040 ,,
1907	55 827 ,,
1908	58 273 ,,

Bei den Bahnen mit elektrischem Betrieb kostete das Kilometer im Durchschnitt

1900	135 096 fr
1905	140 378 „
1907	168 518 „

Man sieht, daß die Baukosten ziemlich stark anwachsen; bei den Dampfbahnen in 17 Jahren um 35,5 % und bei den elektrischen Bahnen in 7 Jahren um rund 25 %. Es gibt mehrere Ursachen dieser Erscheinung. Die wichtigste ist die Zunahme der Strecken mit Straßenverbreiterung und vor allem mit eigenem Bahnkörper. Es ist bereits oben erwähnt, daß der Prozeß des Aufgebens der öffentlichen Wege ständig zunimmt.

Es kommt hinzu, daß an die Ausgestaltung der Bahnen immer höhere Ansprüche gestellt werden. Es sind nicht nur die Wünsche des Publikums auf bessere Federung der Personenwagen, bequemere Sitzgelegenheit, bessere Entlüftung, Heizung, Beleuchtung und auf stärkere Schienen, Wünsche, denen man sich schon im Interesse einer möglichst regen Benutzung der Bahn auf die Dauer nicht völlig verschließen kann, sondern es treten hinzu die erhöhten Ansprüche der Behörden bezüglich der Berücksichtigung des Straßenverkehrs und Verbreiterungen der Straßen, bezügl. der Hauptbahnkreuzungen, des Anschlusses an die Hauptbahnhöfe und der Bedingungen, denen zur Sicherung von Schwachstromleitungen entsprochen werden muß.

Eine Ursache ist ferner die, daß auch in Belgien in den letzten Jahren die Materialpreise und Löhne stark in die Höhe gegangen sind.

Immerhin läßt sich feststellen, daß die Société nationale an ihren bewährten Grundsätzen der größten Sparsamkeit festgehalten hat, und daß die Anlagekosten der belgischen Kleinbahnen auch heute noch als gering anzusehen sind, wenn man sie mit den Kosten anderer ähnlicher Kleinbahnen vergleicht.

Für den Grunderwerb sind in den verflossenen 25 Jahren insgesamt 28 458 956,11 fr aufgewendet worden, d. h. pro Jahr 1 138 358,24 fr. Gerade diese Ausgaben nehmen zu; im Jahre 1909 allein mußten 2 366 411,68 fr für Grunderwerb verausgabt werden. Im ganzen verteilen sich die rd. 30 Millionen fr, die bis heute aufgewendet sind, auf ca. 29 000 Parzellen und ca. 18 500 verschiedene Eigentümer; sie beziehen sich auf 1588 Kilometer Kleinbahnstrecke.

Es entfallen somit auf 1 m Bahnlänge durchschnittlich 18,75 fr.

Für das rollende Material hat die Société bis Ende 1909 ausgegeben 46 176 527,96 fr.

Von Interesse ist es, noch einen Blick auf die Höhe der allgemeinen Unkosten, die von der Société nationale auf die Bauausführungen verteilt worden sind, zu werfen. Im Jahre 1908 betrugen sie 3,465 % des Baukapitals, im Jahre 1909 etwas weniger, nämlich 3,456 %, Zahlen, die nicht als übermäßig hoch bezeichnet werden können.

IX. Spurweite.

Eine der am meisten umstrittenen Fragen beim Bau von Kleinbahnen ist die Frage der Spurweite. Sie hat zu immer wiederkehrenden Erörterungen und lebhaften Auseinandersetzungen geführt und die Fachleute nicht nur in den einzelnen Ländern, sondern auch den Internationalen Kleinbahnverein wiederholt beschäftigt. In der Tat ist die Frage für die Kleinbahnen von größter Bedeutung, denn sie beeinflußt nicht nur die Höhe der Baukosten beträchtlich, sondern spielt auch eine große Rolle beim Güterdienst im Übergangsverkehr von einer Bahn auf die andere und übt somit auf die Einnahmen und Gewinne der Bahn einen großen Einfluß aus. Diesen Punkt hat schon der Minister Sainctelette in der bedeutungsvollen Rede vom Jahre 1881, mit der er die Arbeiten der Kleinbahnkommission einleitete, hervorgehoben (vgl. Seite 6). Der Minister wies auf den großen Nutzen hin, den die Vereinheitlichung der Spurweite für die Ausnutzung der Fahrzeuge bietet, und warf die Frage auf, ob nicht Kleinbahnen in vielen Fällen zweckmäßig die gleiche Spurweite erhielten. Der Minister erstrebte vor allem möglichste Betriebsvereinfachung und möglichste Verkehrserleichterung und machte nicht die Frage der Baukosten zur ausschlaggebenden. Es ist schon erwähnt, daß die Kommission der Ansicht war, diese Frage könne nur von Fall zu Fall entschieden werden. Unter Nr. 5 ihrer Beschlüsse sagte sie: „Es liegt keine Veranlassung vor, ein einheitliches Maß für die Spurweite und die Betriebsmittel aller Kleinbahnen festzulegen; die einen können Normalspur, die anderen Schmalspur bekommen, je nach den verschiedenen Anforderungen der Landesteile, nach dem Zustand der Verkehrswege, der Entwicklungsmöglichkeit des Verkehrs usw."

Als die Société nationale nun an den Bau der Kleinbahnen herantrat, entschloß sie sich, der Schmalspur vor der Vollspur den Vorzug zu geben, ein Entschluß, an dem sie bis heute festgehalten hat; denn von 164 Bahnen mit 4332 km Bahnlänge sind bis heute 161 Bahnen mit 4294 km Bahnlänge[1]), also 99 %, schmalspurig und nur 3 Linien mit 38,11 km Bahnlänge normalspurig gebaut. Herr de Burlet, Generaldirektor der Société nationale, hat diese Frage auf manchen internationalen Kleinbahn-Kongressen zum Gegenstand seines besonderen

---

[1]) Hiervon 13 Linien (501 km Länge) mit einer Spurweite von 1,067 m, die an holländische Kleinbahnen gleicher Spur anschließen.

Studiums und Berichtes gemacht, und wenn ein Mann von solcher Erfahrung und solchen Erfolgen sich auch heute noch für Schmalspur bei Kleinbahnen ausspricht, so muß diesem Urteil schon von vornherein ein sehr großes Gewicht beigelegt werden.

Aber die Frage darf hier nicht abgetan sein, sondern muß einer wissenschaftlichen Untersuchung unterzogen werden.

Um zum Urteil zu gelangen, ist es notwendig, sich zunächst die Vor- und Nachteile beider Systeme klar zu machen. Die Vorzüge der Schmalspur bestehen in folgendem: 1. Geringere Anlagekosten. Der Grund, weshalb die Schmalspur geringere Anlagekosten verursacht, ist weniger darin zu erblicken, daß die Schienen weniger weit auseinander gelegt werden; denn es spielt beim Bau einer Bahn auf öffentlicher Straße keine große Rolle, ob die Querschwellen um ca. $\frac{1}{2}$ Meter länger sind, und ob die Achsen der Fahrzeuge länger und stärker werden. Solange es sich also um Straßenbahnen handelt, die keinen Übergangsverkehr mit normalspurigen Bahnen haben, ist der Vorzug der geringeren Kosten nicht erheblich. Anders wird die Sachlage, sobald es sich darum handelt, die Einheitlichkeit der Spurweite im Güterverkehr auszunutzen und die normalspurigen Betriebsmittel der Hauptbahn überzuleiten. In diesem Falle treten an die Linienführung der Kleinbahn bezüglich der Bogenhalbmesser und des lichten Raumprofiles, weniger bezüglich der Steigungen, erhöhte Anforderungen heran, durch die Mehrkosten entstehen. Um wieviel größer die Kosten der Normalspur im Vergleich zur Schmalspur werden, ist außerordentlich verschieden und hängt von der Örtlichkeit ab. Handelt es sich um ein gebirgiges oder stark bebautes Gelände, so sind die Kostenunterschiede naturgemäß ganz andere, als wenn es sich um flaches, geringwertiges Land handelt oder um eine sehr breite Straße mit flachen Krümmungen. Es ist gefährlich, hier mit statistischen Werten zu operieren. Herr Ziffer in Wien gab an, daß im Jahre 1893 die Schmalspurbahnen im Königreich Sachsen durchschnittlich 44 200 fr pro km gekostet haben und die Normalspurbahnen 97 017 fr[1]). Aber welchen Wert haben diese Zahlen, solange man nicht die Leistungsfähigkeit der Bahnen und die besonderen örtlichen Verhältnisse, die beim Bau der Bahnen und bei den Baukosten mitgesprochen haben, kennt? Auf dem Internationalen Kleinbahnkongreß zu London im Jahre 1902 wurden die Durchschnittskosten pro km der belgischen Kleinbahnen bei Schmalspur zu annähernd 44 000 fr und bei Normalspur zu rund 97 000 fr, also auf mehr als das Doppelte angegeben. Eine nähere Betrachtung dieser Zahlen führt zu folgender Einzel-Aufstellung:

---

[1]) In Preußen kostete nach der Statistik von 1908 1 km Normalspurbahn 80420 M, ein km Schmalspurbahn (bis zu 60 cm Spurweite) 49204 M.

	Normalspur fr	Schmalspur fr
Allgemeine Kosten	8 600	4 300
Grunderwerb	10 100	4 600
Bau der Strecke	40 000	20 600
Gebäude und Bauwerke	18 500	4 600
Rollendes Material	19 500	9 900
	97 000	44 000

In dieser Zusammenstellung fällt zunächst auf, daß die allgemeinen Verwaltungskosten der normalspurigen Bahn genau doppelt so groß sind als die der schmalspurigen, ein Umstand, der an und für sich wenig Berechtigung hat, selbst wenn man berücksichtigt, daß für den Grunderwerb der Normalspurbahnen, deren Vermessungs- usw. Kosten mit unter Grunderwerb gerechnet sind, bedeutende Verwaltungskosten entstanden sind.

Noch auffallender ist, daß die Kosten der Betriebsmittel bei der Normalspur mehr als doppelt so hoch sind als bei der Schmalspur. Da aber weder die Lokomotiven noch die Wagen bei gleicher Leistungsfähigkeit und Tragkraft durch die Normalspur um 100 % verteuert werden, so ergibt sich eben, daß es sich bei den normalspurigen Strecken im Durchschnitt um ganz andere Leistungsfähigkeiten und Verkehrsleistungen handelt als bei den schmalspurigen.

2. Als ein Vorzug der Schmalspur wird hervorgehoben, daß, da sie geringere Halbmesser und stärkere Steigungen zuläßt, es möglich ist, sie näher an die Ortschaften heranzubringen, was für das Publikum angenehmer und billiger ist und somit zur Vermehrung der Kleinbahn-Einnahmen beiträgt. Auch die Bedeutung dieses Umstandes hängt sehr von der Örtlichkeit ab. Wo die Ortschaften von breiten Straßen durchzogen sind, welche die Durchführung normalspuriger Betriebsmittel zulassen, kommt er nicht zur Geltung; wo es sich aber um ausgedehnte Ortschaften mit zerstreuter Bebauung und engen winkligen Straßen handelt, kann der Vorzug zugunsten der Schmalspur eine Rolle spielen. Im allgemeinen ist aber dieser Umstand nicht als durchschlagend für die Wahl des einen oder anderen Systems zu betrachten.

Bei normalspurigen Bahnen beträgt der Mindesthalbmesser 180 m, bei bestimmten Betriebsmitteln ist es aber erlaubt, bis auf 140 m und sogar 100 m herunterzugehen. Bei schmalspurigen Bahnen kann man auf 50 m und gegebenenfalls weniger heruntergehen. Einzelne Bahnen, z. B. die sächsischen Staats-Kleinbahnen, gehen aber nicht unter 100 m Halbmesser. Ihre stärksten Steigungen sind bei Normalspur zu 1 : 40, bei Schmalspur zu 1 : 30 angenommen.

3. Die Schmalspur weist geringere Betriebsausgaben auf als die Normalspur, so lautet das Ergebnis einer Umfrage, das dem Internationalen Kleinbahnkongreß im Jahre 1902 vorgelegt wurde. Diese Angabe wird durch die Statistik der preußischen nebenbahnähnlichen Kleinbahnen nicht bestätigt.

Es betrugen nach den Angaben von 1908

	Gesamteinnahmen		Betriebsausgaben		Betriebs-koeffizient
	überhaupt	für 1 km	überhaupt	für 1 km	
	Mill. M	M	Mill. M	M	%
Normalspur	15,77	6154	10,69	4171	68,2
1-m-Spur	9,04	4787	6,52	3451	72,5
Andere Spur	16,42	4369	12,29	3270	75,0

Aus diesen Zahlen ist zu entnehmen, daß die Betriebsausgaben im Verhältnis zu den Einnahmen für Normalspurbahnen jedenfalls nicht höher sind als für Schmalspurbahnen.

Auch der Jahresbericht der Société nationale für 1909 läßt nicht erkennen, daß die Normalspurbahnen höhere Betriebskosten verursacht haben, es gehören im Gegenteil die Betriebskoeffizienten der drei Normalspurbahnen zu den niedrigsten im ganzen belgischen Kleinbahnnetz. Die Bahn von Groenendael nach Overyssche besitzt sogar den niedrigsten Betriebskoeffizienten von allen Kleinbahnen der Provinz Brabant, und dieses günstige Ergebnis verdankt die Bahn hauptsächlich dem starken Güterverkehr. Soweit also die wenigen belgischen Kleinbahnen mit Normalspur in Betracht gezogen werden können, bilden sie keinen Beweis für die höheren Betriebsausgaben der Normalspur.

Was für eine Betriebskostenvermehrung der Normalspur spricht, ist folgendes: ein etwas größeres totes Gewicht der Betriebsmittel und die größere Fläche des Bahnkörpers, d. h. größere Länge der zu unterstopfenden Schwellen; dagegen wirken bei der Schmalspur auf eine Erhöhung der Betriebsausgaben ein: geringere Stabilität der Betriebsmittel gegen seitliche Schwankungen, infolgedessen stärkere Beanspruchung des Oberbaues und der Betriebsmittel, die Nachteile, die durch stärkere Straßenbenutzung entstehen, als da sind häufige Pflasterkosten, schwierigere Unterhaltung des Gleises, das durch den Straßenverkehr, vor allem durch den Straßenschmutz sehr leidet; daher stärkerer Verschleiß des Oberbaues und häufige Erneuerung der Unterbettung. Durch den Straßenstaub leiden auch die Betriebsmittel, namentlich Lokomotiven und Triebwagen mehr als auf der freien Strecke, auch der Kraftverbrauch wächst erheblich, wenn die Gleise in der Straße liegen, enge Kurven aufweisen und der Oberbau aus Rillenschienen besteht. Dazu kommen die Nachteile, die der übrige Straßenverkehr den Kleinbahnen zufügt. Sie führen zu einer Vermehrung der Verwaltungs-, Prozeß- und Haftpflichtkosten.

Aus dem Gesagten ergibt sich schon jetzt, daß die Frage der Spurweite für die eigentlichen Straßenbahnen, die heute fast ausschließlich elektrisch betrieben werden, als entschieden anzusehen ist. Die Erfahrung hat gezeigt, daß hier die Betriebsausgaben der Normalspur sicherlich nicht höher sind als die der Schmalspur, und da außerdem bei diesen Bahnen der Mindestradius beider Spurweiten annähernd gleich gewählt werden darf und die Anlagekosten der Normalspur auch im übrigen nur unerheblich über die der Schmalspur hinausgehen, so läßt sich hierin eine genügende Begründung der Tatsache finden, daß seit einiger Zeit die neuentstehenden normalspurigen Straßenbahnen die schmalspurigen an Zahl überwiegen. Übrigens hat auch schon der Internationale Kleinbahnkongreß in Paris 1900 betont, daß sein in der Hauptsache zugunsten der Schmalspur abgegebenes Urteil sich nicht auf die Straßenbahnen bezieht.

Nun zu den Vorzügen der Normalspur:

1. Die Normalspur ermöglicht den direkten Anschluß an die meist normalspurigen Straßenbahnen großer Städte. Diesem Punkt ist eine ausschlaggebende Bedeutung nicht beizulegen. Gewiß sind die Vorteile, die bei Einführung der Überland- und Vorortbahnen in die Städte durch Mitbenutzung vorhandener Straßenbahngleise entstehen, nicht zu verkennen, sie bestehen nicht nur in wirtschaftlicher Hinsicht, indem besondere Gleise erspart werden, sondern auch in verkehrstechnischer Hinsicht dadurch, daß die von Gleisen in Anspruch genommene Straßenfläche verkleinert wird; aber man wird andererseits nicht von einer kurzen Stadtstrecke die Wahl der Spurweite abhängig machen für eine Bahn, deren Anlagekapital etwa zu 90 % außerhalb der Stadtstrecke liegt.

2. Der zweite Vorzug der Normalspur, der gewissermaßen als ein Ausgleich zu den höheren Baukosten zu betrachten ist, besteht in der Zulässigkeit einer verhältnismäßig höheren Fahrgeschwindigkeit, die auf die Höhe der Einnahmen, besonders der Personeneinnahmen einen günstigen Einfluß ausübt.

3. Normalspur ermöglicht den Übergang von Betriebsmitteln auf die Staatsbahn[1]). Dieser Punkt hat selbstverständlich nur für

[1]) Auf dem Internationalen Kleinbahnkongreß zu London (1902) wurde hervorgehoben, daß normalspurige Kleinbahnen gezwungen gewesen seien, übermäßig viele Güterwagen anzuschaffen, da sie beim Übergang auf die Hauptbahn dort lange Wege zurücklegen müßten und der Kleinbahn lange entzogen blieben. Dies habe einzelne Kleinbahnverwaltungen sogar veranlaßt, trotz der Spurgleichheit die Wagen nicht durchlaufen zu lassen, sondern die Güter umzuladen.

solche Bahnen Bedeutung, die Güterverkehr aufnehmen oder künftig aufzunehmen in der Lage sind. Für diese Bahnen aber spielt dieser Punkt die allergrößte Rolle. Denn durch die Wahl derselben Spur ist der unmittelbare Übergang der Betriebsmittel auf die andere ermöglicht, und die Umladung der Güter wird vermieden. (Bei den belgischen Kleinbahnen gibt es etwa 140 Umladebahnhöfe.)

Die Kosten der Umladung können pro 10 t im allgemeinen bei den heute in Europa gezahlten Löhnen wohl zu 2,50 M angenommen werden, sie steigen je nach der Art der Güter aber auch bis 4,00 M und höher[1]).

Dieser Einwand kann unmöglich als ein Nachteil der Normalspur ins Feld geführt werden, da er nur einen Mangel im Handinhandgehen der Hauptbahnen — vermutlich nur Privatbahnen — und der Kleinbahnen darstellt, der je eher je besser von Staats wegen beseitigt werden sollte. In Preußen ist die Frage für Nebenbahnen und für Kleinbahnen, denen die Staatsbahn darin eine Unterstützung gewährt, vortrefflich gelöst und hat wohl noch nie zu Schwierigkeiten geführt.

[1]) Die Frage der Umladung ist der Gegenstand eines Berichtes, den Herr Generaldirektor de Burlet mit gewohnter Sachkenntnis und Sorgfalt auf dem Internationalen Eisenbahnkongreß zu Bern im Jahre 1910 erstattet hat. Dem Bericht liegt das Ergebnis einer Rundfrage zugrunde, dem folgendes entnommen werden möge:

a) Die Preußischen Staatsbahnen geben die Kosten der Umladung (alle Angaben beziehen sich auf 10 t) an zu 80 Pf. (bei erhöhtem Entladegleis und Verwendung von Kippwagen), zu 1,20—1,60 M bei erhöhtem Entladegleis und zu 2,00—2,60 M bei Umladen: Wagen in gleicher Fußbodenhöhe. Güter, die der Aufstapelung bedürfen, kosten 25—40 % mehr. Rollböcke sind mehrfach verwendet worden mit Höchstgeschwindigkeit 15 km in der Stunde, sowie Plattformwagen, die vor den Rollböcken den Vorzug haben, auch dreiachsige Güterwagen aufzunehmen.

b) Königreich Sachsen gibt die Kosten zu 1,60 M (z. B. Güter in Säcken) bis 2,80 M an; Umladen von Langholz geschieht durch Portalkrane.

c) Belgien gibt die Kosten zu 2,00 M an, Umladen von Holz 3,20—4,00 M. Es gibt 6 Kleinbahnstrecken, die Normalspur und Schmalspur besitzen; hiermit werden drei Steinbrüche, zwei Steingutfabriken und ein Kohlenbergwerk bedient. Man zieht die Verwendung von 4 Schienen derjenigen von 3 vor, damit die schmalspurigen Lokomotiven den normalspurigen Güterzug nicht einseitig ziehen müssen.

d) Frankreich gibt die Kosten an zu mindestens 2,40 M (Ostbahn), mindestens 1,70 M (Staatsbahn), zu 1,60—4,00 M (Südbahn) und zu 1,60—2,40 M (Nordbahn), bei empfindlichem Gut mehr als 2,40 M. Die französischen Bahnen äußern sich durchweg günstig über das Umladen, haben auch keine ungünstigen Erfahrungen durch Beschädigung der Güter gemacht.

e) Spanien. Die Nordbahn sagt: „Die Verwaltung ist der Ansicht, daß trotz aller bei der Umladung aufgewendeten Sorgfalt namentlich bei empfindlichen Gütern wie Früchte Beschädigungen unvermeidlich sind; in gewissen Fällen wird deshalb von den Verfrachtern die Benutzung einer längeren Fahrstrecke vorgezogen zur Vermeidung des Umladens.“

f) Vereinigte Staaten von Nordamerika. Der Bericht sagt: „Strecken mit einer von der normalen abweichenden Spurweite sind in den Vereinigten Staaten sehr selten.“ Kosten werden von Boston und Maine-Eisenbahn (monatlich 8000 t)

Die Handarbeit ist bis jetzt durch die Maschinenarbeit noch nicht ersetzt worden. Die wirtschaftliche Frage erschöpft sich aber nicht in der Ermittlung der reinen Umladekosten, vielmehr kommen hinzu die Kosten, die durch die Umladezeit, also längere Inanspruchnahme der Betriebsmittel, des Personals usw., entstehen, ferner die Kosten, die durch Umladeverluste hervorgerufen werden, sodann solche, die durch Beschädigung der Güter, z. B. bei Früchten, Tonwaren, Ziegelsteinen, verursacht werden, und endlich die Mehrkosten des Bahnhofes, wo neben dem Normalspurgleis ein Schmalspurgleis, vielfach aber auch eine Zwischenbühne hergestellt werden muß.

Die Frage der Spurweite wird somit bei Kleinbahnen mit Güterverkehr nicht allgemein beantwortet werden können, sondern bedarf in jedem Einzelfalle gründlicher Studien. Nimmt man beispielsweise an, daß sich beim Bau einer Bahn die durch Normalspur entstehenden Mehrkosten gegenüber der Schmalspur auf 40 000 M pro km belaufen, so sind hierfür bei 4½ % Verzinsung und Tilgung jährlich 1800 M pro km zu rechnen. Da nun die Umladekosten einschl. aller Nebenkosten auf durchschnittlich etwa 3,00 M pro 10 t angenommen werden können, so würde man für obige 1800 M 6000 t Güter jährlich pro km Bahnlänge umladen können. Steigt der Verkehr, so ist die Normalspur vorteilhafter, sinkt der Verkehr, so würde die Schmalspur vorzuziehen sein. Im bestimmten Falle wird man sich natürlich nicht mit dieser einfachen Berechnung begnügen, sondern man wird auch alle Nebenumstände, wie oben schon erwähnt, in Rechnung ziehen.

Man wird sich vor allem auch die Frage vorlegen, ob nicht die Heranführung von Hauptbahn-Betriebsmitteln an die Ent- und Beladegleise ohne Umladen dem Publikum solche Vorteile und Annehmlichkeiten bietet, daß dieser Umstand auf die Entwicklung des Güterver-

---

zu 4,00 M angegeben. Die Baltimore und Ohiobahn berechnet die Kosten bei einem Monatsumschlag von 10 000 t zu 4,00—4,80 M, muß allerdings auch mit Löhnen von 72 Pf. pro Stunde rechnen.

g) England berichtet ebenfalls, daß Schmalspurbahnen eine Ausnahme bilden.

h) Italien gibt die Kosten an zu 2,80—5,60 M (letzteres bei Flüssigkeiten in Behältern).

i) Luxemburg gibt folgende Zahlen: 1,20 M (Mastfutter in Säcken), 3,84 M (behauene Steine), 2,85 M (Dachziegel, Ziegelsteine) und 4,00 M (großes Bauholz).

Um das Umladen zu vermeiden, verwenden manche Bahnen Rollböcke und Plattformwagen, letztere auch zur Aufnahme von Kasten, die auf niedrigen Rollen laufen (Dänemark). Die normalspurigen Plattformwagen nehmen alsdann 3, die schmalspurigen 2 dieser Kasten auf. Bewährt hat sich dieses System ebensowenig wie die Ramsaysche Grube in Amerika, die zum Abheben des Eisenbahnwagenkastens und zur Weiterbeförderung mittels besonderer Transportwagen dient.

kehrs und die Herstellung neuer Privatanschlüsse einen günstigen Einfluß ausübt.

An solchen im voraus schwer zu berechnenden Vorzügen darf man jedenfalls nicht vorbeigehen. Wenn man sich heute in allen rheinischen Landesteilen, die in der Nähe von Großstädten, in industrie- und bevölkerungsreichen Gebieten liegen, nahezu ausnahmslos zugunsten der Normalspur entschieden hat, so ist dafür die Erleichterung des Güter-Verkehrs der Hauptgrund gewesen. Der starke Wettbewerb, der im Rheintal und an seinen schiffbaren Nebenflüssen auftritt, wenn es sich um Heranziehung von Industrie handelt, macht es einer Kleinbahn-Verwaltung geradezu unmöglich, die Schmalspur zu wählen, selbst wenn die Bahn erst nach längerer Zeit eine hinreichende Verzinsung abzuwerfen verspricht.

Schmalspurige Bahnen mit starkem Güterverkehr, wie sie im rheinischen Braunkohlengebiet bei Köln vor etwa 15 Jahren gebaut wurden, haben sich schon genötigt gesehen, ihre Gleise mit 3 Schienen zu versehen, um neben den schmalspurigen Betriebsmitteln auch normalspurige befördern zu können, ja man ist schließlich dazu übergegangen, mit erheblichen Kosten die ganze Bahn normalspurig umzubauen. Allerdings darf man auch solche Erfahrungen nicht verallgemeinern; denn hier handelt es sich um Bahnen mit ungewöhnlich starkem Güterverkehr (etwa 40 000 t pro km und Jahr), die im Begriffe sind, auf der Klasse der Kleinbahnen ausgeschieden und dem Gesetz für Hauptbahnen vom 3. November 1838 unterstellt zu werden, die zum Teil sogar möglicherweise vom Staat übernommen und in das Staats-Eisenbahnnetz eingefügt werden. Immerhin zeigt dieses Beisipel, wie der wachsende Güterverkehr im Übergang mit der Staatsbahn die Kleinbahnen geradezu zwingen kann, zur Normalspur überzugehen.

Zieht man das Ergebnis dieser Betrachtung, so wird man es, ausgehend von den Hauptbahnen, etwa in folgenden Sätzen zusammenfassen können:

1. Für alle Kulturländer hat sich als Spurweite der Hauptbahnen die aus England übernommene Normalspur trefflich bewährt. Für weniger verkehrsreiche Länder empfiehlt es sich, auf alle Fälle an dem Grundsatz der Einheitlichkeit in der Spurweite der Hauptbahnen festzuhalten. Die Schmalspur kann umsomehr empfohlen werden, je geringer der Verkehr und je größer die Geländeschwierigkeiten sind. Es ist unbedenklich, die Spurweite auch auf weniger als 1,0 m festzusetzen, wenn andernfalls in absehbarer Zeit eine Rente nicht zu erwarten ist.

2. Bei Kleinbahnen gilt der Grundsatz der Spureinheit nicht allgemein, sondern nur für bestimmte Bahngruppen, namentlich dann, wenn es sich um Güter-Übergangsverkehr handelt. Die Wahl der

Normalspur ist bei elektrischen Straßenbahnen in der Regel empfehlenswert. Bei Vorort- und Überlandbahnen hängt sie davon ab, ob Güterverkehr im Übergang zu normalspurigen Hauptbahnen in solchem Umfange zu erwarten ist, daß die höheren Anlagekosten sich lohnen. Wenn diese Voraussetzung nicht vorliegt, ist Schmalspur vorzuziehen. Bei Schnellverkehr der Personenzüge auf eigenem Bahnkörper, der aber in der Regel nicht mehr unter den Begriff der Kleinbahnen fällt, würde ebenfalls die Normalspur den Vorzug verdienen.

Die Frage ist also für jede Bahn individuell zu behandeln. Im allgemeinen hat man in früheren Jahren wohl allzusehr dazu geneigt, die Bedeutung der Baukosten zu überschätzen und das verkehrsfördernde Moment, das in der Güterbeförderung ohne Umladung liegt, zu unterschätzen.

Betrachten wir nunmehr, wie von dem hiermit geschaffenen Standpunkte aus das bisher von den belgischen Kleinbahnen angewandte System zu beurteilen ist. In dem Jahresbericht für 1909 finden wir die 3 normalspurigen Kleinbahnen erwähnt mit nachstehendem Güterverkehr.

Bahnen	Einnahme in fr pro km und Jahr
Groenendael—Overyssche	7662
Poulsur—Sprimont Trooz	5700
Dolhain—Eupen	4500

Unter den Bahnen mit Schmalspur haben den stärksten Güterverkehr:

Antwerpen—Lille	5200
Brüssel—Haecht	9028
St. Ghislain—Hautrage	6680

Wenn in dieser Statistik auch nicht angegeben ist, wieviel hiervon auf den Binnenverkehr und wieviel auf den Übergangsverkehr zur Staatsbahn entfällt, so läßt sich das eine doch wohl herauslesen, daß bei einigen belgischen Schmalspurbahnen die Anwendung der Normalspur wohl in Frage kommen konnte.

Allerdings ist bei den belgischen Kleinbahnen die Durchschnittsgütereinnahme immer noch weniger als 1800 fr pro km. Auch muß berücksichtigt werden, daß man vor 25 Jahren beim Bau der ersten Kleinbahnen allgemein der Schmalspur große Sympathie entgegenbrachte und die Entwicklung des Güterverkehrs, wie sie später eingetreten ist, nicht vorausschauen konnte. Bei den heutigen Erweiterungen des belgischen Kleinbahnnetzes handelt es sich aber naturgemäß um die verkehrsschwächeren Linien, bei denen allerdings in vielen Fällen die Voraussetzungen für die Wahl der Normalspur nicht vorhanden sind.

Innerhalb der Grenzen Preußens waren im März 1908 von 264 nebenbahnähnlichen Kleinbahnen 141 (53,4 %) normalspurig, 47 (17,8 %) hatten 1,0 m Spurweite und 76 (28,8 %) hatten sonstige Spurweiten. Vom 1. Oktober 1892 bis zum 31. März 1909 sind in Preußen in Betrieb gesetzt worden

139 vollspurige Bahnen mit	3289,89 km
114 schmalspurige Bahnen mit	5566,53 ,,
253	8856,42 km

Am 21. Januar 1908 sprach der belgische Eisenbahnminister Helleputte im Abgeordnetenhaus folgende bedeutsamen Worte:

„Am 21. März 1907 hatten wir (in runder Zahl) 4000 km genehmigte Kleinbahnen, davon 3000 im Betriebe. In einigen Jahren werden wir deren 6000 haben. Auf einer sehr großen Zahl dieser Bahnen verkehren nur einige Züge täglich, fünf oder sechs in beiden Richtungen.

Andererseits besitzt das Netz der Hauptbahnen eine Ausdehnung von rund 4500 km. Mehrere dieser Linien sind vollständig überlastet und mit Transporten derartig gesättigt, daß das Einlegen eines neuen Zuges fast unmöglich wird. Das ist ein ungewöhnlicher Zustand, und ich strebe mit aller Macht ein Zusammengehen der großen Hauptbahnen und der Kleinbahnen an, eine Einrichtung, die es jenen gestatten, das große Netz von einem Teil der Überfülle zu entlasten."

Diese Worte, die sich übrigens in mehreren Fällen auch auf deutsche Verhältnisse übertragen lassen, dürften bestätigen, daß man in Belgien beim Bau der Kleinbahnen im Anfang die Bedeutung etwas zu häufig auf das „Klein" gelegt hat. Das Mittel, das Zusammengehen, von dem der Minister spricht, zu fördern, ist unbedingt die Vereinheitlichung der Spurweite, außerdem aber auch, und vielleicht in noch höherem Maße, die Einführung zweckentsprechender Gütertarife bei den Kleinbahnen. Hierüber soll der folgende Abschnitt handeln.

X. Tarife.

Zu der Zeit, als man die Gesetze vom 1884 und 1885 schuf, stand man unter dem Eindruck ungünstiger Erfahrungen, die man mit den belgischen Hauptbahnen gemacht hatte. Die Regierung hatte für zahlreiche einzelne Bahnstrecken und Bahnnetze Genehmigungen erteilt und sah sich außerstande, zu verhüten, daß durch geschickte Verträge und Vereinbarungen diese Einzelbahnen plötzlich in einer Hand vereinigt wurden und damit ein bedeutendes zusammenhängendes Netz bildeten, das sich vollständig in das Staatsbahnnetz hineinschob und für durchgehende Transporte in scharfen Wettbewerb zu den Staatsbahnen trat. Die Regierung wurde gezwungen, die Bahnen unter zum Teil recht unvorteilhaften Bedingungen anzukaufen. Bei der Schöpfung des Kleinbahnnetzes stellte sich die Regierung darum von vornherein auf den Standpunkt, durch besondere Bedingungen den Zusammenschluß der Kleinbahnen zu durchgehenden Strecken zu verhüten und vor allem sich einen solchen Einfluß auf die Tarifgestaltung der Kleinbahnen vorzubehalten, daß ein Wettbewerb mit den Staatsbahnen ausgeschlossen wurde. In den Genehmigungsurkunden der Kleinbahnen findet sich daher die Bedingung: „Die Regierung behält sich das Recht vor, eine Erhöhung der Tarife zu verlangen, eine Erniedrigung derselben zu untersagen.“ Die Wirkung der Wettbewerbsfurcht macht sich denn auch in den Tarifen allenthalben geltend.

A. Personentarife. Wenn man von den Linien mit sehr starkem Verkehr (auf denen meistens der Zonentarif eingeführt ist) absieht, so ist durchweg der Tarif für Personenbeförderung in der I. Klasse zu 7 ctms pro km, in der zweiten Klasse zu 5 ctms pro km festgesetzt, d. h. also ca. 5,6 bzw. 4,0 Pfennig. Daneben gibt es Rückfahrkarten mit eintägiger Gültigkeit, die um 20 % der doppelten einfachen Fahrkarte billiger sind als diese.

Bei den belgischen Staatsbahnen kostet die Fahrkarte 2. Klasse 6,5 ctms (5,2 Pf.) 3. Klasse 4,0 ctms (3,2 Pf.), ein Einheitssatz, der bei größeren Entfernungen etwas geringer wird. Auch bei den belgischen Staatsbahnen wird auf Rückfahrkarten 20 % Ermäßigung gewährt.

Die preußischen Staatsbahnen erheben, abgesehen von Schnellzugs-Zuschlägen, folgende Einheitssätze:

1.	Klasse	6,0 Pf.	(Im Rundreise-Verkehr			7,3 Pf.	
2.	„	4,5 „	„	„	„	4,8 „	
3.	„	3,0 „	„	„	„	3,2 „	)
4.	„	2,0 „					

wobei allerdings Ermäßigungen für Rückfahrkarten aufgehoben sind. Man sieht, daß die Fahrpreise für die einfache Fahrt bei den belgischen Kleinbahnen nicht niedrig sind.

Neben den einfachen Fahrpreisen werden in fast allen Fällen Ermäßigungskarten ausgegeben, deren Tarif ebenso wie derjenige der einfachen Fahrkarten mit in die Genehmigungsurkunde eingefügt ist und ohne Genehmigung der Regierung nicht geändert werden darf. Auch in den Ermäßigungskarten sind die belgischen Hauptbahnen das Vorbild für die Kleinbahnen.

a) Schüler-Abonnements werden für 3 Monate, 6 Monate und 12 Monate, und zwar für einmalige, zwei- bis dreimalige, vier- bis sechsmalige, sieben-, zwölf- und vierzehnmalige Benutzung pro Woche für die verschiedenen Teilstrecken ausgegeben, also eine gewaltige Mannigfaltigkeit, mit der man allen Wünschen des Publikums gerecht werden wollte. Schülerkarten für weniger als 3 Monate werden nicht ausgegeben.

Die Ermäßigung, welche diese Abonnements gegenüber den einfachen Fahrpreisen bieten, sind je nach Dauer und Benutzungshäufigkeit verschieden. Für eine Schülerkarte zweiter Klasse z. B., die über 10 km gilt, berechnet sich bei zwölfmaliger Benutzung pro Woche die Ermäßigung wie folgt (ohne Berücksichtigung von Feiertagen und Ferien):

Dauer der Gültigkeit	Preis fr	Ermäßigung in $^0/_0$ des Preises der Rückfahrkarten
3 Monate	26,0	58
6 „	48,0	62
12 „	80,0	68

Die Fahrpreise sind erheblich teurer als diejenigen der Staatsbahn, die für 12 malige Fahrt pro Woche in der 3. Klasse für drei Monate 14 fr, für 6 Monate 27 fr und für 12 Monate 45 fr berechnet. Der Unterschied beträgt 70—80 % des Preises der Staatsbahn-Schülerkarten.

b) Gewöhnliche Abonnements werden ebenfalls für 3, 6 und 12 Monate, außerdem noch für 9 Monate, aber nicht für einen Monat ausgegeben. Auch hier sind die Ermäßigungssätze verschieden.

Es ergibt sich für die 2. Klasse unter Annahme einer zweimaligen Fahrt an jedem Werktag die Ermäßigung folgendermaßen:

Streckenlänge km	Gültigkeitsdauer Monat	Preis der Karte fr	Rückfahrkarte		Ermäßigung in $^0/_0$ des Preises der Rückfahrpreise
			Einzelpreis fr	Summe fr	
10	3	35,0	0,80	62,40	44
	6	64,0		124,80	48
	9	85,0		187,20	55
	12	107,0		249,60	57
50	3	78,0	4,0	312,00	75
	6	139,0		624,00	78
	9	185,0		936,00	81
	12	232,0		1248,00	82

Zum Vergleich mag erwähnt werden, daß bei der belgischen Staatsbahn ein Abonnement für 10 km Strecke in der 3. Klasse auf 3 Monate

26 fr, auf 6 Monate 46 fr, auf 9 Monate 62 fr und auf 1 Jahr 77 fr kostet, die Kleinbahn ist also um fast 40 % des Preises der Staatsbahn-Abonnements teurer als diese.

c) Arbeiter-Wochenkarten werden ausgegeben für einmalige oder zweimalige Fahrt pro Tag, entweder nur Werktags oder Werktags und Sonntags. Die Ermäßigung berechnet sich wie folgt bei 12 Fahrten pro Woche:

Streckenlänge km	Preis der Wochenkarte fr.	Ermäßigung in % des Preises der Rückfahrkarten
10	1,70	65
20	2,40	75

Man sieht, daß auch mit diesen Wochenkarten eine erhebliche Ermäßigung gewährt wird. Die Einnahmen aus Arbeiter-Beförderung dürften die durchschnittlichen Selbstkosten der Betriebe schwerlich decken. Die Preise der Staatsbahn-Wochenkarten sind allerdings wieder niedriger. Sie betragen 1,25 fr bzw. 1,50 fr, d. h. die Kleinbahn befördert um 40 bis 60 % des Staatsbahntarifs teurer.

Im übrigen werden noch folgende Ermäßigungen gewährt: Zu Reisen von Vereinen und Gesellschaften (nur für deren Mitglieder) 50 % Rabatt auf gewöhnliche Preise, dieselbe Ermäßigung wird den Schülern öffentlicher Unterrichtsanstalten und den sie begleitenden Lehrern auf Schulausflügen gewährt. Vergnügungsfahrten werden nach dem gewöhnlichen Tarif bezahlt oder nach dem später erwähnten Tarif für Sonderzüge.

Aus den Beförderungsbedingungen sei noch hervorgehoben: Kinder bis 3 Jahre werden frei, bis 8 Jahre zu halben Preisen befördert, Angehörige der Armee (die Offiziere auch in Zivil) und Veterinärinspektoren zahlen die Hälfte der gewöhnlichen Fahrpreise. Gendarmen fahren bei Gefangenen-Transporten zu gewöhnlichen Preisen, sonst ebenso wie die Feldhüter und Polizisten im Bereiche ihrer Gemeinde unentgeltlich. Mitglieder von Vereinen zahlen, wenn ihre Anzahl 20 übersteigt, halbe Preise; dasselbe gilt für Schauspieler- und Artistentruppen und für Schülerfahrten mit Lehrer, wenn mindestens 10 teilnehmen. Ermäßigung von 50 % auf gewöhnliche Fahrkarten wird gewährt für die Fahrten zu Staats-, Provinz- und Gemeindewahlen. Für Sonderzüge sind mindestens 50 fr und mindestens 5 fr pro km zu zahlen. Berechnet werden alle Innenplätze zu gewöhnlichem Tarif, die Außenplätze nur, wenn sie benutzt werden müssen, für Rückfahrt 20 % Ermäßigung auf den Preis der Hin- und Rückfahrt. Der Fahrpreis ist vorauszubezahlen, bei Nichtbenutzung des Sonderzuges wird die Hälfte der 50 fr zurückbezahlt. Schülerkarten werden nicht für Privatunterricht ausgegeben. Der Schüler muß außer dem Kartenpreis 5 fr hinterlegen als Bürgschaft für Rückgabe seiner Karte spätestens am Tage nach Verfall derselben. Eine Bescheinigung des Schulvorstandes über die Unterrichtstage und Stunden ist beizubringen.

Abonnements können am 1. und 15. begonnen werden. Eine Photographie in bestimmten Abmessungen ist beizufügen, die hinterlegte Bürgschaft beträgt 10 fr. Im Falle der Nichtbenutzung des Abonnements wird nur der Preis für die noch nicht begonnenen Quartale über das erste Quartal hinaus zurückerstattet.

Arbeiter-Wochenkarten werden an Arbeiter und Lehrlinge, die im Tage- oder Akkordlohn stehen, für die Fahrt zwischen Wohn- und Arbeitsstelle ausgegeben, wenn eine Bescheinigung des Bürgermeisters oder Polizeikommissars und außerdem des Arbeitgebers beigebracht wird. Die Arbeiter der Betriebspächter genießen 50 % Ermäßigung auf die Arbeiterkarten. Auf Verlangen ist bei Abonnementserneuerung auch die Bescheinigung zu erneuern.

Hunde werden zu halbem Preis der I. Klasse, Schoßhunde zu halbem Preis der Klasse, in der sie gefahren werden, befördert.

Wie schon erwähnt, werden in Belgien die Straßenbahnangelegenheiten von dem Minister für Landwirtschaft, Industrie und öffentliche Arbeiten behandelt, während Kleinbahnsachen dem Minister für Eisenbahnen, Post und Telegraphen unterstehen. Infolgedessen werden die Tariffragen der Straßenbahnen und Kleinbahnen zuweilen nach verschiedenen Grundsätzen gemessen, so daß beispielsweise im Jahre 1907 nach Eröffnung der Straßenbahnstrecke von Antwerpen nach Mercem die Einnahmen auf der parallel laufenden Kleinbahnlinie in einem Jahre um ca. 109 000 fr zurückgingen. Auch in Brüssel sah die Société nationale sich genötigt, ihre Linie von Ninove weiter in Brüssel hinein bis zum Nordbahnhof zu führen, um dem Wettbewerb einer Straßenbahn Brüssel—Scheut der Société générale des chemins de fer économiques zu begegnen.

B. Gepäcktarif. Der Reisende darf bis zu 10 Kilogramm unentgeltlich mit sich nehmen, darüber hinaus wird Fracht erhoben. Für jedes Gepäckstück ist ein Begleitschein auszufertigen. Der Tarif bewegt sich innerhalb der Grenzen der auch bei anderen Kleinbahnen üblichen Sätze[1]). Die Versicherungsgebühr beträgt pro 500 fr 1 fr. Fahrräder werden zu 50 ctms befördert. Marktgut darf der Reisende bis zu 60 Kilogramm unentgeltlich mit sich nehmen. Diese Vergünstigung wird jedoch nur den Landwirten, nicht den Händlern gewährt.

C. Gütertarif. Bevor auf die Gütertarife der belgischen Kleinbahnen im einzelnen eingegangen wird, ist es notwendig, über die

[1]) Siehe Anmerkung Seite 60.

Tarifierung von Gütern im allgemeinen einige Bemerkungen vorauszuschicken.

Die Fracht, die der Versender oder Empfänger eines Gutes an die Eisenbahnen zu zahlen hat, setzt sich in Belgien wie in Preußen aus zwei Teilen zusammen: der Abfertigungsgebühr und dem Streckensatz. Die Abfertigungsgebühr ist eine Pauschale, die entweder für alle Entfernungen dieselbe bleibt oder sich mit wachsender Entfernung in Staffeln anhebt, um bei einer gewissen Entfernung ihre Höchstgrenze zu erreichen. Der feste Satz, den diese Abfertigungsgebühr darstellt, ist gedacht als Entschädigung für die Leistungen der Eisenbahnverwaltung, die auf die Versandstation und Empfangsstation entfallen, wie Hergabe der Bahnhofsanlage, Bereitstellen und Verschieben der Wagen, Verwiegen und Bekleben derselben, Behandeln der Frachtbriefe, und bei Gütern, die keine volle Warenladung ausmachen, außerdem das Be- und Entladen der Wagen, die Hergabe von Laderäumen u. a.

Im Gegensatz zur Abfertigungsgebühr ist der Streckensatz als Entschädigung fürdie Beförderung auf der Strecke gedacht. Er wächst also im gleichen Verhältnis wie die Streckenlänge, auf der das Gut befördert wird. Allerdings wird dieser Grundsatz nicht immer mit aller Strenge durchgeführt, in Einzelfällen nimmt vielmehr die Einheitsgebühr mit wachsender Entfernung ab.

Es entsteht nun die Frage, welche Fracht hat der Versender zu zahlen, wenn sein Gut aus dem Bereiche einer Eisenbahnverwaltung in den Bereich einer anderen übergeführt wird. In solchem Falle hat sich, namentlich wenn beide Bahnen gleiche Spurweite besitzen, der Grundsatz herausgebildet, daß in der Fracht die Abfertigungsgebühr

Tarif für Gepäckbeförderung (in fr.):

km	Bei Beförderung von Kilogramm								
	bis zu 20	21—30	31—40	41—50	51—60	61—70	71—80	81—90	Über 90 kg Preis pro 100 kg
1— 5	0,20	0,20	0,20	0,20	0,20	0,20	0,25	0,25	0,30
6—10	0,20	0,20	0,25	0,30	0,35	0,40	0,45	0,50	0,55
11—15	0,20	0,25	0,35	0,45	0,50	0,60	0,65	0,75	0,85
16—20	0,25	0,35	0,45	0,55	0,70	0,80	0,90	1,00	1,10
21—25	0,30	0,45	0,60	0,75	0,85	1,00	1,10	1,25	1,40
26—30	0,35	0,50	0,65	0,80	1,00	1,20	1,35	1,50	1,65
31—35	0,40	0,60	0,80	1,00	1,20	1,40	1,60	1,75	2,00
36—40	0,50	0,70	0,95	1,15	1,40	1,65	1,85	2,00	2,30
41—45	0,55	0,80	1,05	1,30	1,60	1,85	2,10	2,30	2,60
46—50	0,60	0,90	1,20	1,45	1,75	2,00	2,30	2,60	2,90

nur einmal berechnet wird, so daß es also für den Versender gleichgültig ist, ob sein Gut über die Gleise einer einzigen Bahnverwaltung oder über diejenige mehrerer Bahnverwaltungen gefahren wird. Die Bahnverwaltungen untereinander teilen sich die Fracht in der Weise, daß auf die Verwaltung, zu deren Bereich die Versandstation gehört, und diejenige, zu deren Bereich die Empfangsstation gehört, je die Hälfte der Abfertigungsgebühr, außerdem auf jede dieser beiden Verwaltungen der auf ihre Strecke entfallende Streckensatz berechnet wird. Zwischenliegende Bahnverwaltungen erhalten nur den auf sie entfallenden Teil des Streckensatzes.

Dies ist im wesentlichen der Grundsatz, nach dem die Hauptbahnen die Fracht berechnen und untereinander verteilen. Es liegt auf der Hand, daß dieses System für das Publikum eine große Erleichterung bedeutet, denn die Fracht würde höher, wenn jede Bahnverwaltung nach ihrem Tarif die Fracht berechnete und die so berechneten Frachten zusammengezählt würden. Auf diese Weise würde das Gut statt mit einer Abfertigungsgebühr mit mehreren belastet werden.

Die zweite Frage ist die, ob die Staatsbahnen zweckmäßig in ähnliche Abkommen mit den den Gesetzen über Hauptbahnen nicht unterworfenen Bahnen niederer Ordnung eintreten sollen. Es leuchtet ohne weiteres ein, daß das oben geschilderte System der direkten Tarifierung unter Auflassung der halben Abfertigungsgebühr für die Kleinbahnen eine außerordentliche Erleichterung bedeuten würde; denn die Kleinbahn ist dadurch in die Lage gesetzt, dem Versender im Übergangsverkehr mit der Staatsbahn nur den auf die Kleinbahn entfallenden Streckensatz besonders zu berechnen, da ihr ja von der Staatsbahn die Hälfte der Abfertigungsgebühr überlassen wird. Wird die direkte Tarifierung nicht zugestanden, so muß die Kleinbahn, um die gleiche Einnahme zu erzielen, im Kleinbahntarif ihrem Streckensatz die halbe Abfertigungsgebühr der Staatsbahn zurechnen. Die Fracht wird also, grundsätzlich betrachtet, durchschnittlich um etwa die halbe Abfertigungsgebühr der Staatsbahn erhöht, d. h. um einen Betrag der in Preußen, roh gerechnet, auf etwa 4,— M. pro 10 t bewertet werden kann.

Es leuchtet ein, daß durch die selbständige Tarifierung die Entwicklung der Kleinbahnen gehemmt wird. Namentlich werden Privatanschlüsse neuer Industrieanlagen bestrebt sein, nach Möglichkeit Anschluß an die Staatsbahn direkt anstatt durch Vermittlung einer Kleinbahn zu suchen. Damit geht aber ein Hauptvorteil, der mit den Kleinbahnen erzielt werden sollte, nämlich die Verkehrsförderung und Belebung der Geschäftstätigkeit auch in den abgelegeneren Teilen des Landes, teilweise verloren, denn es unterliegt keinem Zweifel, daß der Grundsatz: gleichmäßige Behandlung aller Teile des Landes, bis zu einem gewissen Grade durchbrochen wird.

Allerdings ist nicht zu verkennen, daß einer Behandlung der Kleinbahnen in tarifarischer Beziehung nach gleichen Grundsätzen wie Hauptbahnen auch Bedenken entgegenstehen. Man kann den Einwand machen, und man hat ihn auch gemacht, daß eine schmalspurige Kleinbahn, die an eine normalspurige Hauptbahn herangeführt wird, grundsätzlich keine anderen Staatsbahntarife beanspruchen kann wie jeder Fuhrunternehmer, der seine Güter mit dem Fuhrwerk an den Bahnhof heranfährt oder von dort abholt. Dieser Einwand ist aber nicht stichhaltig. Denn abgesehen davon, daß er mit gleichem Recht auf jede Hauptbahn angewendet werden könnte, darf man einen Fuhrunternehmer, der seine Fuhrgebühren bis zu einem gewissen Grade nach eignem Belieben berechnen kann, nicht in Vergleich stellen mit einem öffentlichen Unternehmen, dessen Beförderungspflicht und Tarif von der Behörde festgesetzt wird. Außerdem ist wohl kein einziger Fuhrunternehmer oder sonstiger Privatmann in Belgien, der Güter in solchen Mengen mit der Staatsbahn austauscht wie die Société nationale des chemins de fer vicinaux. Diese Tatsache hat auch die belgische Staatseisenbahnverwaltung anerkannt, indem ihr Vertreter in der 6. Sitzung des Eisenbahnkongresses zu Paris im Jahre 1900 auf Grund eines Vergleiches der Verkehrsziffern von Bahnhöfen mit und ohne Kleinbahnanschluß erklärte, daß die Kleinbahnen „im allgemeinen zu einem guten Teil zur Vermehrung des Verkehrs der Staatsbahnen beigetragen haben“.

Ein anderes Bedenken besteht in dem Einnahme-Ausfall der Staatsbahnen, der die Folge der durchgehenden Tarife sein würde. Der Verkehr sucht sich naturgemäß immer den kürzesten Weg, und da dieser — ein Blick auf die Eisenbahnkarte von Belgien läßt es deutlich erkennen — häufig über die Kleinbahn führt, so würde die Staatsbahn den Verkehr auf diesen Strecken entweder den Kleinbahnen überlassen müssen oder, falls sie ihn über ihre eignen Linien lenkt, sich auf der betreffenden Strecke mit der Fracht für die kürzere Kleinbahnlinie begnügen müssen. Damit würde aber der Staatsbahn ein Einnahmeausfall entstehen zugunsten der Kleinbahnen, wozu an und für sich keine Berechtigung besteht, da die Kleinbahnen ihrer Natur nach zunächst nur als Zubringelinien, nicht aber als Wettbewerb zum Durchgangsverkehr der Staatsbahn gedacht und berechtigt sind. Bei jeder Tariferleichterung, die man den Kleinbahnen gewährt, ist daher diesem Punkte große Aufmerksamkeit zu schenken. In Preußen ist die Tarifrage seit mehreren Jahren in einer ziemlich einwandfreien Weise gelöst, indem der Minister der öffentlichen Arbeiten, den dringenden Wünschen der Kleinbahnen nachgebend, sich damit einverstanden erklärt hat, den Kleinbahnen im Übergangsverkehr mit der Staatsbahn M 2,— pro 10 t, und zwar zugunsten der Verfrachter, aufzulassen, ein

Satz der somit annähernd der Hälfte der oben erwähnten halben Abfertigungsgebühr entspricht. Der Gefahr einer Ablenkung des durchgehenden Verkehrs begegnet man dadurch, daß die Genehmigung zur Güterbeförderung, wenn diese Gefahr droht, nur im Verkehr mit der nächstgelegenen Staatsbahnstation, nicht aber von einer Staatsbahnstation über die Kleinbahn zur anderen Staatsbahnstation erteilt wird. Übrigens ist die Gefahr der Ablenkung schon an und für sich gering, solange es sich nur um Tarif-Vergünstigungen, nicht um direkte Tarifierung handelt.

Die Spurweite spielt in dieser Frage nicht die unbedingt ausschlaggebende Rolle, da z. B. auch in Preußen schmalspurige Nebenbahnen und im Königreich Sachsen schmalspurige Kleinbahnen direkte Tarifierung mit der Staatsbahn haben; aber es ist klar, daß da, wo auf großen Güterverkehr im Übergang zur Staatsbahn gerechnet wird, man in der Regel der Normalspur den Vorzug geben wird.

Betrachtet man auf Grund dieser allgemeinen Bemerkungen die belgischen Kleinbahnen, so ist zunächst festzustellen, daß in Belgien die Staatsbahn den Kleinbahnen weder direkte Tarife noch irgendwelche sonstigen Frachtanteile gewährt. Die belgischen Kleinbahnen sind somit darauf angewiesen, ihre Tarife selbständig so zu berechnen, daß dadurch ihre Kosten, zu denen im Verkehr mit der Staatsbahn die Kosten der Umladung hinzutreten, gedeckt werden. Dabei sieht der Minister der Eisenbahnen streng darauf, daß nicht etwa solche Güter, die ohne wesentliche Nachteile für den Verfrachter über die Staatsbahn gehen könnten, ihren Weg über die Kleinbahn nehmen.

Hier findet sich ein offenbarer Mangel in dem sonst so glänzend durchgeführten Kleinbahnsystem Belgiens, ein Mangel, der sein Dasein zum Teil jedenfalls dem überwiegenden Einfluß zu verdanken hat, den der Staat auf die Kleinbahnen ausübt. Die Gründe, die gegen eine Überspannung der Staatsbahninteressen sprechen, finden hier nicht, wie in Preußen, in den Kleinbahnverwaltungen, zu denen namentlich Provinzialverwaltungen gehören, wirkungsvolle Vertretung. Die Worte, die der Minister Graux am 17. Mai 1884 sprach: „Zweifellos dürfte der Umstand, daß ein gewisser Wettbewerb zur Staatsbahn entstehen könnte, nicht dazu führen, der Bevölkerung die Vorteile vorzuenthalten, die sie aus dem Bau eines neuen Bahnnetzes haben könnte. Das wäre jedenfalls kein Grund, die Genehmigung oder geringe Sätze für die Tarife zu verweigern. Es ist das eine Frage der Erprobung und Erfahrung" sind in Belgien bis heute noch nicht in Erfüllung gegangen. Der Nutzen, den die Kleinbahnen gewähren können, wird erst dann in vollem Maße zur Geltung kommen, wenn den Kleinbahnen Tariferleichterungen im Güterverkehr mit der Staatsbahn gewährt werden. Das Beispiel der preußischen Staatsbahnen zeigt besser als alle theoretischen Untersuchungen, daß dadurch von einer ungünstigen Wirkung auf die Überschüsse der Staatsbahn keine Rede sein kann.

Vielleicht ist es auf jenen Mangel zurückzuführen, daß bis Ende 1909 die belgischen Kleinbahnen insgesamt nur 414 Privatanschlüsse (mit zusammen 136,6 km Länge, durchschnittlich 0,33 km pro Anschluß) besaßen, hiervon 55 Anschlüsse der Landwirtschaft, 316 der Industrie und ein militärischer Anschluß. Da die Kleinbahnen zu derselben Zeit eine Länge von 3448 km besaßen, so entfällt auf 8,3 km Bahnlänge ein Anschluß. Auch die Höhe der Gütereinnahme der belgischen Kleinbahnen ist nicht sehr groß, obwohl die überwiegende Zahl der Kleinbahnen Güter befördert; sie beträgt nur 37,74 % der Gesamteinnahme, ein Verhältnis, das weit unter demjenigen der Staatsbahnen und unter demjenigen der preußischen nebenbahnähnlichen Kleinbahnen (rund 50 % im Jahre 1908) bleibt.

Im Verkehr der Kleinbahnen untereinander gestattet die Regierung für gewisse Verbindungen die direkte Tarifierung, d. h. die Erhebung einer einmaligen Abfertigungsgebühr, die zwischen den beiden beteiligten Bahnen hälftig zu teilen ist; für andere Verbindungen hat die Regierung die Anwendung direkter Tarife untersagt, so daß hier jede der beiden Bahnverwaltungen die Gebühren für sich erheben muß.

Was nun den Gütertarif der belgischen Kleinbahnen im einzelnen anbelangt, so setzt dieser sich aus der Abfertigungsgebühr und dem Streckensatz zusammen. Der Tarif enthält 3 Hauptklassen, Klasse A für Güter, die in bedeckten Wagen befördert werden, Klasse B und C für solche in offenen Wagen. Unter C fallen hauptsächlich Rohstoffe wie Minerale, Kohle, Briketts, Öle, Steinabfälle, Pflastersteine und Makadam, Melasse u. a.

Die Abfertigungsgebühr beträgt für alle 3 Hauptklassen 0,50 fr pro t, der Streckensatz beträgt bei Klasse A: 0,13, bei B: 0,11, bei C: 0,07 fr pro t.

Die Abfertigungsgebühr ist etwa halb so hoch wie im Durchschnitt die Gebühren bei den preußischen Staatsbahnen. Diese bewegen sich zwischen 60 Pf. (Wagenladungsgüter der Klassen A^2, I, II und III bis 50 km), 70 Pf. (für Rohstoffe), 1,20 M (bei Klasse B für mehr als 40 km) und 2,— M (bei Klasse A^1). Der Streckensatz der preußischen Staatsbahnen geht für Wagenladungen auf 2,2 Pf. (Rohstofftarif) und in gewissen Ausnahmetarifen bis auf 1,4 Pf herunter. Der höchste Satz für Wagenladungen beträgt 6,7 Pf. (Klasse A^1).

Neben den Haupttarifklassen gibt es eine große Zahl von Spezialtarifen. Die Abfertigungsgebühr dieser Tarife sinkt (z. B. bei Spezialtarif Nr. 9) bis auf 0,25 fr, während der Streckensatz bis auf 0,03 und sogar unter gewissen Voraussetzungen bis auf 0,01 fr heruntergeht. Im allgemeinen ist der Gütertarif nicht einfach, man war bemüht, sich den wirtschaftlichen Bedürfnissen des Landes in ihrer großen Mannigfaltigkeit möglichst anzupassen und dabei darauf Rücksicht zu nehmen, daß die Staatsbahneinnahmen keine Schmälerung erleiden. Besonders niedrig ist der Tarif für Steinabfälle, die zur Unterhaltung von Landwegen benutzt werden. In Einzelfällen werden auch solchen Gütern, die außerhalb der Zeiten des starken Verkehrs befördert werden Ermäßigungen gewährt.

Die allgemeinen Beförderungsbedingungen schließen sich an die bei den Staatsbahnen gültigen an. Die Mindestfracht ist für Wagenladungen 5000 kg. Die Güter der Privatanschlüsse werden mit mindestens 2000 kg berechnet, wenn sie mit anderen zusammen geladen werden können; dies gilt nicht für leere Kisten und Verpackungen.

Das Umladen aus und in die Wagen der Hauptbahn erfolgt entweder durch den Verfrachter oder durch die Kleinbahnverwaltung auf Kosten des Verfrachters. Berechnet werden 25 ctms pro 1000 kg, bei sperrigen Gütern mehr.

Privatanschlüsse zahlen 30 ctms für den Wagen, der leer angefahren, beladen abgefahren wird, 15 ctms für den Wagen der beladen angefahren und beladen abgefahren wird. Die Ladefrist beträgt 8 Stunden.

Die Kleinbahnverwaltung ist berechtigt, aber nicht verpflichtet, Sendungen gegen Nachnahme zuzulassen, ausgenommen hiervon sind Güter, deren Wert die Frachtkosten nicht deckt und leicht zerstörbare Güter. Nachnahme wird in der Regel gewährt bei Nachnahme-Sendungen im Verkehr mit der Staatsbahn.

Besondere Bedingungen sind wie üblich gestellt für sperrige Güter, zerbrechliche oder explodierbare Gegenstände, Geld- und Wertsachen.

Bei Viehtransporten muß das Verladen eine Stunde vor Abgang des Zuges beendet sein und innerhalb 2 Stunden nach Ankunft des Zuges das Entladen. Für jeden Viehtransport wird ein Begleiter zugelassen, der unentgeltlich in der 2. Fahrklasse oder im Viehwagen mitfährt. Wagenladungen fallen unter Hauptklasse A.

Alle Tarife und deren Änderungen sind von der Kleinbahnverwaltung frühzeitig zu veröffentlichen. Begünstigungen einzelner sind ebenso wie die sog. Refaktien streng verboten.

XI. Verpachtung und Betrieb.

In Abschnitt III ist ausgeführt, aus welchen Gründen man davon abgesehen hat, den Betrieb der Kleinbahnen in einer Hand, etwa derjenigen der Société nationale, zu vereinigen. Die Verpachtung des Betriebes ist daher die Regel, nur drei kleine Strecken werden aus besonderen Gründen vorläufig von der Société nationale selbst betrieben.

Die Angebote der Pächter enthalten in der Hauptsache nur die Angabe über den Anteil der Betriebseinnahme, auf den sie Anspruch erheben. In den Verträgen ist dieser Anteil vielfach abhängig gemacht von der kilometrischen Einnahme der Bahn, so erhält beispielsweise der Pächter der Kleinbahn Brüssel—Petite-Espinette bei einer Einnahme von 5000 fr pro km 78 bis 73 %, bei wachsender Einnahme fällt dieser Satz bis auf 65 %.

Gegenwärtig sind 37 Gesellschaften mit dem Betriebe der 140 Kleinbahnen der Société nationale betraut. Unter den Gesellschaften sind einige, die mehrere Linien in Pacht haben, am meisten die Gesellschaft für Kleinbahnen zu Löwen, die 11 Linien betreibt,

Von 132 Linien sind 72 ausgeschrieben worden, 46 wurden an Privatgesellschaften freihändig vergeben (davon 2 an die Brüsseler Straßenbahngesellschaft), 14 sind von Gemeinden und Provinzialverbänden in Pacht genommen.

Eine freihändige Vergebung hat die Société nationale in solchen Fällen vorgezogen, in denen es sich um Erweiterungen oder Ergänzungen bestehender Bahnen handelt. Allerdings ist es dabei vorgekommen, daß die Pachtverträge derselben Gesellschaft nicht an einem Tage abliefen. Mehrfach hat die Société auch von dem ihr zustehenden Kündigungsrecht keinen Gebrauch gemacht, vielmehr den Pachtvertrag verlängert. Es ist auch vorgekommen, daß eine Gesellschaft eine andere in ihren Pachtvertrag eintreten ließ.

Die heute maßgebenden Pachtbedingungen sind in Heft 21 vom Jahre 1902 niedergelegt. Ihr wesentlicher Inhalt ist folgender:

Art. 2. Die Société nationale überträgt dem Pächter alle Rechte und Pflichten der Genehmigungsurkunde und haftet in keiner Weise für alles, was aus Unterhaltung und Betrieb entspringt.

Art. 4. Die Dauer des Pachtvertrages ist 30 Jahre, die S. n. kann aber den Vertrag nach 15 Jahren mit einjähriger Kündigungsfrist lösen.

Art. 5. Handelt von der Inventuraufnahme vor Beginn des Betriebes.

Art. 6. Unterhaltung, Wiederherstellung und Erneuerung der Bahn ist Sache des Pächters.

Art. 12. Bei Ablauf der Pachtzeit muß die Bahn mit allem Zubehör „in gutem Unterhaltungszustand“ der S. n. übergeben werden. Die S. ist berechtigt, das vom Pächter beschaffte Betriebsmaterial zum Taxwert zu übernehmen.

Art. 14. Der Pächter hat zu Beginn der Pachtzeit ein Betriebsreglement und eine Dienstordnung für seine Angestellten der S. n. zur Genehmigung vorzulegen.

Art. 15. Der Pächter erhält die Mindestzahl der Züge vorgeschrieben und hat auf Verlangen der S. n. zu Märkten, Kirmessen, zur Arbeiterbeförderung und dergl. die von der S. n. gewünschten Züge einzulegen. Ist die Einnahme pro Zugkilometer größer als 1,50 fr, so kann für den betreffenden Monat eine Zugvermehrung verlangt werden, ist sie kleiner als 1,50 fr, so darf die Zugzahl eingeschränkt werden. Fahrplan im einzelnen und Haltestellen werden von der S. n. bestimmt.

Art. 18. Bei Betriebsunterbrechungen werden 20 fr pro Tag und km einbehalten.

Art. 19. Der Pächter muß die Wagen heizen vom 1. November bis 31. März; die Beschaffung der Heizkörper, deren System von der S. n. zu genehmigen ist, ist seine Sache.

Art. 20. Die S. n. allein darf Freikarten ausgeben, sie ist berechtigt, Schüler-, Arbeiter- und Rückfahrkarten usw. zu verlangen sowie Spezialtarife. Beim Übergang von Gütern von einer Kleinbahn zur anderen gelten die Grundsätze der Staatsbahnlinien, desgl. betreffend Wagenübernahme. Dienstgut des Pächters bis 100 kg sowie Arbeitszüge werden unentgeltlich, alles übrige Gut der Pächter mit 50 % Ermäßigung befördert. Gleiches Recht steht der S. n. zu.

Art. 21. Zu den Einnahmen gehören auch diejenigen aus Verpachtungen und Strafgelder.

Art. 22. Die S. n. darf über die Einnahmen genaue Kontrolle führen. Der Einnahmeanteil der S. n. ist für jeden Monat spätestens am 15. des folgenden Monats an diese abzuführen. Die S. n. ist berechtigt, die Form der Fahrscheine, Fahrberichte und Einnahmeformulare zu bestimmen.

Art. 24. Bei neuen Zweiglinien kann die S. n. dem Pächter ein Vorrecht einräumen; dieser hat jedenfalls zu gestatten, daß der Pächter der Zweiglinien seine Bauanlage mitbenutzt unter Bedingungen, die von der S. n. festgestellt werden.

Art. 25. Die S. n. ist berechtigt, dem Pächter auch alte Betriebsmittel zu übergeben. Falls er solche auf seine Kosten beschafft, erhält er 7½ % für Verzinsung und Tilgung unter Zugrundelegung des letzten Preises, den die S. n. selbst für solche Betriebsmittel gezahlt hat.

Art. 28. Personal, dessen Entlassung die S. n. wünscht, darf nicht weiter beschäftigt werden.

Art. 36. Die Höhe der Kaution wird von der S. n. festgesetzt. Bei Erweiterungen treten hinzu 2000 fr pro km Dampfbahn, 3500 fr pro km elektrische Bahn, 4000 fr pro Lokomotive usw. Im allgemeinen ist die Kaution $^1/_8$ des neuen Anlagekapitals.

Art. 37. Die S. n. kann verlangen, daß Pächter Erweiterungen und Anschlüsse mitbetreibt.

Art. 42. Die S. n. ist nicht verpflichtet, irgendeinem Pachtanbieter den Zuschlag zu erteilen.

Soweit die Hauptbedingungen der Pachtverträge.

Von Interesse ist namentlich die Frage der Unterhaltung der Bahnanlagen. Nach Artikel 6 hat zwar der Unternehmer, solange er die Bahn betreibt, seinerseits für Unterhaltung und Erneuerung zu sorgen; aber Art. 12 sagt, daß er bei Ablauf der Pachtzeit die Bahn in „gutem Unterhaltungszustande" übergeben muß, d. h. also, die Gleise müssen gut unterstopft usw., die Wagen sauber geputzt, geölt und gestrichen sein usw.; die Société kann aber nicht verhindern, daß die Bahnanlage in einem mehr oder weniger verschlissenen Zustande übergeben wird, ohne daß der Pächter einen etwa inzwischen gesammelten Erneuerungsfond mit zu übergeben braucht. Wo die Pächter Erneuerungsfonds gesammelt haben, stehen die Rücklagen in den wenigsten Fällen in einem angemessenen Verhältnis zum Verschleiß der Bahn. Um die Erneuerungskosten zu sparen, wird der Pächter dahin streben, bis zum Kündigungstermin das vorhandene Material noch möglichst auszunutzen, die Société wird also, wenn sie den Vertrag kündigt und die Pacht einem anderen überträgt, sehr oft damit rechnen müssen, daß ziemlich erhebliche Erneuerungskosten aufzuwenden sind. Ob diese Kosten jedesmal der neue Pächter tragen wird, ist zu bezweifeln. Zwar bildet die Société bei einigen Bahnen einen Sicherheitsfond; aber dessen Mittel sind nur gering. Auffallend ist, daß diese Frage weder im Gesetz von 1885 noch gelegentlich der Beratungen des Gesetzes in der Kammer berührt worden ist. Sie bringt eine gewisse Unsicherheit in die Unternehmen, denn auch der Betriebspächter kann bei Abgabe seines Pachtangebotes nicht übersehen, ob er nicht kurz vor Kündigung des Vertrages in die Zwangslage kommt, erhebliche Erneuerungen vorzunehmen.

Der Pächter wird also bei Abgabe seines Angebotes damit rechnen müssen und kann, wenn er nicht zu erneuern braucht, die nicht verausgabten Erneuerungsrücklagen als Gewinn für sich behalten. Zweckmäßiger wäre es jedenfalls, wenn die Höhe der Erneuerungsrücklage umgrenzt, als ein notwendiger Teil der Ausgaben betrachtet würde. Die Rücklage würde dann, soweit noch nicht aufgebracht, an den neuen Betriebspächter übergehen. Wenn es sich um erhebliche Betriebsverstärkungen handelt, als beispielsweise die Schienen der Linie von Brüssel nach Petite-Espinette gegen schwerere ausgewechselt wurden, ist ein besonderes Abkommen getroffen worden, nach dem Pächter und Société ungefähr je die Hälfte der Kosten übernahmen.

Natürlich muß die Société eine ständige Kontrolle ausüben, um sich davon zu überzeugen, daß der Pächter seine Bedingungen erfüllt und die Bahn gut unterhält. Sie hat dazu zwei große Betriebsabteilungen, eine bautechnische und eine maschinentechnische, gebildet. An den

Bahnen darf keine Erneuerung und nicht die geringste Änderung stattfinden, ohne daß die Société vorher die Verhältnisse geprüft und sich mit dem Vorhaben einverstanden erklärt hat.

Für den Betrieb der Bahnen sind die allgemeinen Bedingungen für Kleinbahngenehmigungen vom 20. 3. 1886 mit späteren Ergänzungen sowie die Königl. Polizeiverordnung vom 25. Juni 1904, die am Schlusse dieses Abschnittes wiedergegeben sind, maßgebend.

Hervorzuheben ist, daß die Fahrgeschwindigkeit im Dampfbetrieb bis zu 30 km, im elektrischen Betrieb auf eigenem Bahnkörper bis zu 40 km in der Stunde zugelassen wird. Alle Bahnen haben in der Personenbeförderung 2 Fahrklassen. Stückgutwagen werden in einzelnen Zügen mitgenommen, die an jeder Haltestelle zur Aufnahme und Ausgabe von Stückgütern halten und infolgedessen größere Fahrzeit in Anspruch nehmen als die gewöhnlichen Züge. Auf manchen Bahnen, u. a. den Linien bei Brüssel, ist der Stückgutverkehr sehr rege; im allgemeinen werden die Güter an den Zug selbst herangebracht und dort abgeholt, man hat aber auch an den Haltestellen Agenturen, vielfach in Wirtschaften, mit der Annahme und Ausgabe der Güter betraut.

In der Regel halten alle Züge an allen Haltestellen; doch kommen auch Züge vor, die etwa die Hälfte der Haltestellen überschlagen. Die Reisegeschwindigkeit ist gering, z. B. bei der Bahn von Brüssel nach Petite-Espinette (10 km) nur 13—15 km pro Stunde, bei der Bahn Brüssel—Haecht (22 km) 15,5—17,6 km, Löwen—Diest (27 km) nur 14,7 km u.s.f.

Beim Bereisen der belgischen Kleinbahnen merkt man allgemein das Streben nach einem möglichst einfachen Betriebe und möglichst billiger Wirtschaftsführung, ein Streben, das allerdings zuweilen auf Kosten der Annehmlichkeit und Sauberkeit geht. Im Publikum sind darüber mehrfach Klagen laut geworden, ebenso wie über den Mangel an Zügen, namentlich an Spätzügen. (Die letzten Züge fahren sehr häufig zwischen 6 und 8 Uhr.) Selbstverständlich können aber nicht alle Klagen und alle Wünsche berücksichtigt werden; denn das Publikum ist geneigt, seine Erfahrungen zu verallgemeinern und seine Ansprüche mmer höher zu schrauben.

Auszug aus den Allgemeinen Bedingungen für Kleinbahngenehmigungen vom 20. 3. 1886 (mit späteren Ergänzungen).

Art. 1 enthält Angaben über Bauausführung, Entwässerungen und Maßregeln während des Baues. Das Enteignungsrecht wird der Société verliehen.

Art. 2. Die dauernde Unterhaltungspflicht der S. n. erstreckt sich auf die Gleiszone, bei Anlage der Bahn auf einer Straßenseite mit Bordstein auch auf die gepflasterte Rinne und auf die Änderungen und Erweiterungen der übrigen Straße, die notwendig geworden sind. Gleiszone ist die Straßenfläche zwischen den Schienen und den Gleisen sowie 0,60 m außerhalb der Schienen. Bei Straßenaufbruch in ganzer Breite werden die Kosten im Verhältnis der zu unterhaltenden Fläche von der S. n. getragen. Maßgebend sind die allgemeinen Bedingungen für Straßenunterhaltung.

Art. 3. Betriebsmittel müssen genehmigt werden, für ihren guten Zustand haftet die S. n. in jedem Falle.

Art. 4. Überwachung geschieht durch den Staat.

Art. 5. Anschlüsse und Kreuzungen mit anderen Bahnen werden vom Minister im einzelnen festgestellt. Die Entschädigungsfrage ist unter den Beteiligten, nötigenfalls auf gerichtlichem Wege, zu entscheiden.

Art. 6. Privatanschlüsse sind auf freier Strecke und Bahnhöfen zulässig. Sie können vom Minister den Privaten zugestanden und der S. n. auferlegt werden. Die Anschlußbedingungen sollen bei allen Anschlüssen derselben Bahn in der Regel dieselben sein.

Art. 7. Tarif und Kilometerzeiger bedürfen der ministeriellen Genehmigung; die Regierung kann die Erhöhung der Tarifsätze verlangen, Erniedrigung versagen. Begünstigungen dürfen nicht zugestanden werden.

Art. 8. Depeschen (in verschlossenem Kasten), Postabteile mit Personal, Postbeamte und Briefkasten sind unentgeltlich zu befördern. Briefkasten, Telegraphen- und Telephonapparate dürfen auf Kleinbahnhaltestellen angebracht werden. Wo genügend Personal der S. n. vorhanden, kann Entleerung der Briefkasten und Weitergabe des Inhaltes an ein Postamt verlangt werden. Das Bahngelände ist den Postbeamten zugänglich zu machen. Telephonleitungen muß die S. n. überall zulassen. Pakete unter 5 kg sind gegen geringes Entgelt (höchstens ein Drittel des Portos) zu befördern.

Art. 9. Militär wird zu halben Preisen befördert. Zu solchem Zwecke sind erforderlichenfalls alle Betriebsmittel zu stellen.

Art. 10. Zollbeamte in Begleitdienst oder Dienstreise fahren unentgeltlich gegen Ausweis des Finanzministers.

Art. 11. Wähler sind zu ermäßigten Preisen, nötigenfalls in Sonderzügen zu befördern.

Art. 12. Der Staat darf die Kleinbahnen oder einzelne Strecken mit 6monatlicher Kündigungsfrist ankaufen; Kaufpreis ist der mittlere Nettoertrag der letzten drei Jahre, kapitalisiert mit $4^3/_4$ %, vermehrt um 15 %. Während der ersten 7 Betriebsjahre wird mindestens das

Anlagekapital erstattet. Alle Teile der Bahn sind in gutem Unterhaltungszustand zu übergeben, Vorräte werden zu Taxwert übernommen.

Art. 13. Der Betrieb darf nur einem der Regierung genehmen Pächter übertragen werden.

Art. 14. Die S. n. hat keinen Entschädigungsanspruch, falls andere Linien genehmigt werden. Auf ihren Linien hat sie Mitbenutzung gegen Entschädigung zuzulassen. Im Notfalle hat die S. n. ihre Bahn auf militärische Anforderung ohne Entschädigung zu beseitigen oder auf ihre Kosten beseitigen zu lassen.

Kgl. Polizei-Verordnung vom 25. Juni 1904.

Art. 1. Gute Unterhaltung und Entwässerung der Straßen ist Pflicht der Kleinbahn.

Art. 2. Jeder Zug muß einen Führer haben, der den Zug bremsen und anhalten kann. Dieser soll Horn oder Pfeife oder dergl. bedienen können. Dampfpfeifen in bebauten Orten unzulässig.

Art. 3. Fahrgeschwindigkeit nur so groß, daß stets, auch im Gefälle, auf 30 m der Zug zum Halten kommt. Die Lokomotiven dürfen in den Ortschaften keinen Rauch, Geruch, Asche usw. abgeben. Die Räder und beweglichen Teile der Lokomotive sind zu verdecken.

Art. 4. Jeder Personenwagen ist mit Bremse, Nummer und Angabe der zulässigen Zahl der Fahrgäste zu versehen.

Art. 5. Für Sicherheit des Straßenverkehrs ist zu sorgen, eventuell Wärter zur Bedienung von Signalen aufzustellen; bei Arbeiten auf der Strecke ist das Publikum durch Signale aufzuklären.

Art. 6. Die Wagen sind im Innern zu beleuchten. Einzelwagen erhalten vorn ein rotes, hinten ein grünes Licht, Lokomotiven vorn zwei weiße Lichter.

Art. 8. Die zulässige Länge der Züge bestimmt der Minister; jede Lokomotive erhält einen Führer und einen Heizer, jeder Zug einen Zugführer. Fahrgeschwindigkeit in den Orten bis zu 10 km pro Stunde, außerhalb bis zu 30 km. Im elektrischen Betrieb erhält der Motorwagen vorne zwei Laternen zur Beleuchtung der Strecke, zulässige Zuglänge bestimmt der Minister. Pfeife, Horn oder dergl. muß auf mindestens 50 m hörbar sein.

Die folgenden Paragraphen enthalten die üblichen Bestimmungen für das Publikum.

Art 15. setzt fest, daß Beamte durch die Regierung zu Bahnpolizeibeamten ernannt werden können.

XII. Finanzielle Ergebnisse.

Die auf der nächsten Seite wiedergegebene Bilanz der Société nationale zum 31. Dezember 1909 weist einen Betriebsverlust von 95 722,28 fr auf, der von den Aktionären zu tragen ist. An Dividende wurde gezahlt 5 855 432,31 fr. Es ist bekannt, daß die Kleinbahnen im großen Ganzen keine Gewinne abwerfen, sondern sich fast ausnahmslos mit einer nicht ausreichenden Verzinsung begnügen müssen. Die Statistik der preußischen nebenbahnähnlichen Kleinbahnen für 1908 ergibt, daß von 234 Bahnen 166 weniger als 4 % Reingewinn abwerfen und nur 23 Bahnen einen höheren Gewinn als 5 % ergeben haben. Die von den Provinzen und von den Kreisen und Gemeinden eingebrachten Geldmittel erzielten durchschnittlich eine Verzinsung von nur etwa 1,43 %.

Auch in Belgien war man sich darüber von vornherein klar, daß von großen Überschüssen der Kleinbahnen keine Rede würde sein können, und daß man in dem indirekten Nutzen der Kleinbahnen, der allen Schichten der Bevölkerung und dem Staate selber zugute kommt, einen hinreichenden Ausgleich für Betriebsverluste erblicken muß.

Das tatsächliche Ergebnis hat die Voraussicht bestätigt. Da man mit dem Bau neuer Kleinbahnen ständig in großem Maßstabe fortschritt, so blieb der Reingewinn des großen Unternehmens für die vier Aktionär-Gruppen: Staat, Provinz und Gemeinden und Privatleute, gering und ist sogar in den letzten sieben Jahren immer niedriger geworden, wie sich aus folgender Zusammenstellung ergibt.

Es betrug der Reingewinn

im	Jahre	1900	3,33 %	des	Kapitals
„	„	1901	3,41 %	„	„
„	„	1902	3,25 %	„	„
„	„	1903	3,27 %	„	„
„	„	1904	3,21 %	„	„
„	„	1905	3,19 %	„	„
„	„	1906	3,16 %	„	„
,	„	1907	3,07 %	„	„
„	„	1908	3,01 %	„	„
„	„	1909	2,80 %	„	„

Die Abnahme des Reingewinns erklärt sich zum Teil aus der ungünstigen Geschäftslage der letzten Jahre, die auch in den Einnahmen aus dem Personenverkehr zum Ausdruck kommt, vor allem aber auch aus der Tatsache, daß mit weiterem Ausbau des Kleinbahnnetzes die bevölkerungsärmeren Gegenden immer mehr an die Stelle der bevölkerungsreichen Gegenden treten.

Aktiva. Bilanz zum 31. Dezember 1909. **Passiva.**

Aktiva		fr	ctms	Passiva		fr	ctms
Aktienzeichnung		13 478 000	—	Baukapital		281 799 000	—
Rentenforderung		752 307 569	—	Schuldverschreibungen		267 937 535	95
Immobilien, Mobiliar, Instrumente		190 776	40	Zinsen der Rentenforderung		493 845 558	71
Genehmigungen, Vorarbeiten, Bauanlagen		235 789 495	93	Schuldverschreibungen deponiert		3 411 100	—
Hauptmagazin		3 006 916	72	Laufende Rechnung:			
Schuldverschreibungen von 1903	1 290 510,48			Kautionen	10 158 403,24		
„ von 1909	46 423 740,16			Versicherungs-, Pensions- u. Fürsorgekasse	1 108 428,86		
Kautionen usw.	9 860 719,46			Rentenschulden	930 395,82		
Sicherheits- und Reservefonds	8 447 164,94	66 022 135	04	Verschied. Gläubiger	3 336 444,91	15 533 672	83
Schuldverschreibungen deponiert		3 411 100	—	Sicherheitsfonds		3 726 444	—
Kasse		368 354	43	Reservefonds		5 583 418	84
Spar- und Pensionskasse		902 185	31	Einzulösende Schuldverschreibungen		1 688 350	—
Bankforderung		1 688 350	—	Zinszahlung für Schuldverschreibungen		7 996 873	50
		7 996 873	50	Nicht gezahlte Dividende		13 030	84
Betriebsverlust	95 722,28			Dividende für 1909		5 855 432	31
Verschiedene Debitoren	2 132 938,37	2 228 660	65				
		1 087 390 416	98			1 087 390 416	98

Für die einzelnen Aktionärgruppen war im Jahre 1909 der Gewinn folgender:

	Gezeichnetes Kapital fr	Dividende %
Staat	76 542 000	2,62
Provinz Antwerpen	7 024 000	3,44
„ Brabant	8 764 000	2,86
„ Westflandern	6 862 000	2,92
„ Ostflandern	4 053 000	2,07
„ Hennegau	7 472 000	2,74
„ Lüttich	8 161 000	3,26
„ Limburg	3 719 000	2,56
„ Luxemburg	4 860 000	1,70
„ Namur	4 074 000	2,63
Gemeinden	59 997 000	2,95
Private	3 509 000	4,33
Summe, durchschnittlich	195 037 000	2,80

Von den seit mehr als einem Jahr im Betrieb befindlichen Linien geben 56 eine die Jahresrente übersteigende Dividende, 9 eine Dividende von mehr als 3 %, 13 eine solche von mehr als 2,5 % und 16 eine solche von mehr als 2 %. In der Provinz Brabant erbrachten von 15 Kleinbahnen nur 3 eine die Rente übersteigende Dividende. In dieser Provinz war das Ergebnis bis zum Jahre 1906 folgendes:

Jahr	Verlust fr	Gewinn fr	Jahr	Verlust fr	Gewinn fr
1891	12 000	—	1899	—	5 795,81
1892	11 500	—	1900	17 353,14	—
1893	5 000	—	1901	—	6 136,76
1894	15 000	—	1902	—	9 588,41
1895	7 042,92	—	1903	5 696,54	—
1896	4 093,07	—	1904	—	3 596,06
1897	18 880,54	—	1905	7 208,53	—
1898	3 143,92	—	1906	8 824,31	—

Abgesehen von den Privataktionären, die sich naturgemäß nur an den Unternehmen mit größeren Gewinnaussichten beteiligen, haben die Gemeinden die höchsten Gewinne erzielt (2,95 %), etwas geringere die Provinzen (2,69 %) und die geringsten der Staat (2,62 %).

Die Stellungnahme der Regierung zu diesen Betriebszuschüssen kennzeichnete der Eisenbahnminister Helleputte in der Deputiertenkammer am 21. Januar 1908 wie folgt: „Bis zum 31. Dezember 1906 hat der Staat allein 1 793 548,34 fr verloren und zugezahlt; die Gegenleistung dieser Verluste liegt aber in den indirekten Gewinnen, die der Staat aus den Kleinbahnen gezogen hat."

Neben den Dividenden hat die Société nationale einen Teil ihrer Gewinne zur Bildung eines Sicherheits- und Reservefonds verwendet, wie aus folgenden Zahlen hervorgeht:

Jahr	Anlagekapital fr	Sicherheits fonds fr	Reservefonds fr	Summe fr	in °/₀ des Kapitals
1904	196 830 000	1 879 184,35	2 813 826,12	4 693 010,47	2,4
1905	214 972 000	2 216 140,24	3 318 943,94	5 535 084,08	2,5
1906	237 076 000	2 589 911,54	3 879 153,43	6 469 065,01	2,7
1907	249 226 000	2 982 133,19	4 467 315,78	7 449 448,97	3,0
1908	267 421 000	3 356 610,30	5 028 853,70	8 385 464,00	3,1
1909	281 799 000	3 726 444,00	5 583 418,84	9 309 862,84	3,3

Wenn diese Rücklagen bisher auch nur eine geringe Höhe erreicht haben, so ist eine wesentliche Zunahme im Verhältnis zum Baukapital doch festzustellen.

An dem Sicherheitsfond sind nicht alle Bahnen, sondern nur annähernd die Hälfte derselben beteiligt, und zwar in den Provinzen

Antwerpen	von 15	Bahnen:	8
Brabant	„ 21	„	11
Westflandern	„ 18	„	6
Ostflandern	„ 15	„	7
Hennegau	„ 21	„	11
Lüttich	„ 16	„	8
Limburg	„ 12	„	4
Luxemburg	„ 12	„	3
Namur	„ 18	„	7
Summe	148		63

Außerordentlich verschieden ist die kilometrische Einnahme der einzelnen Bahnen gewesen. Die größte Einnahme erzielte im Jahre 1909 die zweigleisige, nur der Personenbeförderung dienende Bahn von Brüssel nach Petite-Espinette mit 76 492,57 fr, während die Linie von Etalle nach Villers-devant-Orval in der Provinz Luxemburg nur eine Einnahme von 1159,54 fr brachte.

Die Einnahmen verteilten sich:

im Jahre	auf Beförderung von	
	Personen %	Gütern %
1904	65,50	34,50
1905	63,01	36,99
1906	63,12	36,88
1907	64,43	35,57
1908	62,80	37,20
1909	62,26	37,74

Die Gesamteinnahmen des ganzen Kleinbahnnetzes der Société nationale beliefen sich im Jahre 1909 auf 20 228 208,11 fr, während die Betriebsausgaben zusammen 14 320 522,95 fr betrugen, was einem Betriebskoeffizienten von 70,79 % (gegen 69,08 % im Vorjahr) entspricht, eine Zahl, die derjenigen der preußischen nebenbahnähnlichen Kleinbahnen für 1908 annähernd gleichkommt.

Bei den einzelnen Kleinbahnen schwankte der Betriebskoeffizient zwischen 148 % der Bahn Chapelle lez- Herlaimont—Anderlues im Hennegau, die nur Personen befördert, und 50,21 % der Bahn Furnes—Ypern in Westflandern, die neben Personen auch Güter befördert. Im Durchschnitt war der Betriebskoeffizient bei Bahnen mit Güterverkehr 68,0 %, während er bei Bahnen ohne Güterverkehr 79,89 % erreichte. Diese Zahlen bestätigen die alte Erfahrung, daß die Güterbeförderung in Wagenladungen meistens gewinnbringender ist als die Personenbeförderung.

Es ist schon erwähnt worden, daß die Société nationale den Betriebspächtern nicht allein die eigentliche Bahnstrecke, sondern auch die Betriebsgebäude und vor allem das rollende Material zur Verfügung stellt. Die Betriebspächter brauchen somit nur ein sehr geringes Betriebskapital aufzuwenden, und in der Tat zeigen die Veröffentlichungen der Pachtgesellschaften im Moniteur Belge, daß das Betriebskapital meist nicht wesentlich über die Höhe der Kaution, die die Pächter zu stellen haben, und die ihnen von der Société nationale verzinst wird, hinausgeht, ein Umstand, der es allerdings auch den Gemeinden sehr erleichtert, sich an der Betriebspacht zu beteiligen, namentlich wenn einmal davon abgesehen werden sollte, auch von den Gemeinden eine Kaution zu fordern.

Eine genaue Ermittlung der von den Pächtern erzielten Gewinne und Verluste ist sehr schwer, da die Pächter vielfach nebenher andere Geschäfte, z. B. Wagenbau, betreiben und die veröffentlichten Ergebnisse nicht immer aus dem Bahnbetrieb allein herrühren. Bisher hat die Société nationale in der Auswahl ihrer Pächter insofern eine glückliche

Hand bewiesen, als kein einziger derselben in Konkurs geraten ist; allerdings mußten in vereinzelten Fällen Pachtverträge gekündigt werden, da die Pächter ihren Pachtverpflichtungen nicht nachkamen. Aus den veröffentlichten Ergebnisse des reinen Bahnbetriebes der Pächter mögen folgende erwähnt werden.

Die Betriebspächterin von Wavre-Jodoigne verteilten in den Jahren 1889 und 1890 6 %, 1891 8 %, 1892 11 % ihres Kapitals. Die große Gesellschaft für den Betrieb von Kleinbahnen zu Löwen hat in den Jahren 1887 bis 1907 jährlich annähernd 70 000 fr Reingewinn gehabt, sie hat außerdem aus Betriebsüberschüssen ein Baukapital in Höhe von 200 000 fr getilgt und eine wesentliche Erhöhung ihrer Kaution vorgenommen. Die Gesellschaft arbeitet mit einem Kapital von rund 845 000 fr, wovon annähernd 710 000 fr auf Kautionen entfallen. Es führt zu falschen Schlüssen, wenn man, wie dies tatsächlich geschehen ist, den Gewinn dieser Betriebsgesellschaften nur im Verhältnis zum geringen Aktienkapital betrachtet; denn dabei gelangt man zu ganz ungewöhnlich hohen Dividenden. Den richtigen Maßstab zur Beurteilung der Gewinne erlangt man vielmehr, wenn man den Gewinn im Verhältnis zu dem in den gepachteten Bahnen angelegten Kapital und zur Gesamt-Einnahme betrachtet. Dann ergibt sich, daß die Gesellschaft in Löwen ein Bahnnetz von ca. 330 km betreibt, ein Vermögen von annähernd 20½ Millionen fr zu verwalten hat und mit einer Jahreseinnahme von über 2 Millionen fr rechnet. Wenn also die Gesellschaft tatsächlich einen Jahresgewinn von 70 000 fr erzielt hat, so ist dieser Gewinn noch nicht ½ % des ganzen Baukapitals und im Verhältnis zu dem Risiko, das der Betrieb eines solchen Bahnnetzes in sich schließt, nicht übermäßig hoch. Dies Urteil bleibt bestehen auch gegenüber der Tatsache, daß die Provinz in derselben Zeit durchschnittlich einen Verlust von etwa 10 000 fr im Jahr zu tragen hatte.

Allerdings ist in vereinzelten Fällen das Ergebnis für die Gemeinden doch erheblich ungünstiger ausgefallen, als man vorher angenommen hatte. Herr Pinchart, Provinzialrat von Brabant, hat vor einiger Zeit darauf hingewiesen, daß z. B. bei der Kleinbahn von Courcelles nach Incourt und Gembloux, bei der 15 bis 16 Gemeinden beteiligt sind, Jahreszuschüsse von 25 000 bis 30 000 fr geleistet werden müssen. Unter den Gemeinden seien solche mit ca. 1300 Einwohnern, die ihren Haushaltsplan mit 3400 fr. jährlich einrichten müssen. Solche Ergebnisse sind, besonders wenn sie häufiger auftreten, allerdings geeignet, die Frage aufzuwerfen, ob nicht durch eigne Betriebspacht Provinz und Gemeinden ihre Verluste zu verringern in der Lage sind.

Eine andere Pächterin, die Aktiengesellschaft für Eisenbahnbetrieb in Belgien, hat 5 Kleinbahnen in Brabant mit ca. 130 Kilometer Bahnlänge gepachtet, sie konnte ihr ganzes Kapital von 250 000 fr in 13 Jahren tilgen. In 18 Jahren hat sie 807 066 fr Gewinn erzielt, also pro Jahr rund 44 700 fr. Dem Erneuerungsfonds konnte sie in derselben Zeit 311 632 fr zuweisen. Die Provinz hat auch in diesem Falle während derselben Zeit eine ausreichende Verzinsung ihres Kapitals nicht erhalten, vielmehr insgesamt mit einem Verlust von etwas über 1000 fr pro Jahr rechnen müssen.

Die Kleinbahn mit der größten kilometrischen Einnahme von Brüssel nach Petite-Espinette wird von einer Aktien-Gesellschaft betrieben, deren Kapital nur 60 000 fr beträgt. Auch hier werden Gewinne angegeben, die im Verhältnis zum kleinen Kapital ungemessen sind: 1897: 22 %, 1898: 60 %, 1899: 42 %, 1900: 75 %, 1901: 70 % und später 100 %. Im Jahre 1903 wurde der Gewinn zu 50 697,62 fr angegeben. Auch diese Gesellschaft konnte aus ihren Überschüssen noch 63 000 fr in Immobilien anlegen, 55 000 fr Bankguthaben und 30 000 fr Reservefonds zurücklegen.

Natürlich bilden solche Gewinne eine Ausnahme; im allgemeinen scheint, soweit sich das Ergebnis aus den Geschäftsberichten herauslesen läßt, den privaten Aktiengesellschaften als Betriebspächtern ein nicht sehr hoher Gewinn geblieben zu sein.

Auch die Gemeinde- und Provinzialverbände, welche sich mit Kleinbahnbetrieb befassen, haben bisher ähnliche Ergebnisse erzielt. Hier einige Angaben, die darüber veröffentlicht worden sind:

Der Gemeindeverband für den Betrieb der Kleinbahnen Hooglede—Thielt erzielte in den Jahren 1901 bis 1904 jährlich 30 % seines Betriebskapitals, in der folgenden Zeit etwas weniger, von 1899 bis 1908 machte er durchschnittlich 49 000 fr Jahresgewinn. Dieser Gemeindeverband, der erste, der zu diesem Zweck in Belgien ins Leben trat, hat bisher in keinem Jahr Betriebsverluste erlitten; sein Kapital beträgt nur 40 000 fr, der Erneuerungsfonds rund 70 000 fr.

Der Gemeindeverband zu Kortryk, der mit einem Kapital von nur 20 000 fr arbeitet, hat in 15 Jahren 375 000 fr., d. h. durchschnittlich 25 000 fr jährlichen Gewinn erzielt und außerdem bis 1908 einen Erneuerungsfonds von 275 614,76 fr gesammelt. Noch günstiger war das Ergebnis der Kleinbahngesellschaft du Centre, deren Kapital 42 500 fr beträgt. Diese Gesellschaft konnte im Jahre 1907 dem Erneuerungsfonds 41 711 fr, dem Pensionsfonds für ihre Angestellte 8254 fr überweisen und außerdem 64 700 fr Gewinn verteilen.

Angesichts der vielen Klagen, die allgemein gegen die Betriebsführung der Gemeinden erhoben werden, verdient besonders betont zu werden, daß in Belgien offenbar das finanzielle Ergebnis des Provinzial- und Gemeindebetriebes nicht wesentlich hinter demjenigen der Privatbetriebe zurückbleibt. Der Gouverneur von Westflandern hat sich über die Erfahrungen seiner Provinz am 9. August 1907 wie folgt ausgesprochen:

„Bis jetzt haben sich keine Anstände ergeben, das System scheint für den Betrieb vorteilhaft und den Interessen der Bevölkerung dienlich zu sein.“ Die Anhänger des Systems der Gemeinde- und Provinzialbetriebe glauben, daß sich durch weitere Ausdehnung dieser Betriebe die Ausgaben der Société nationale, die von ihnen als recht hoch bezeichnet werden, bedeutend vermindern müssen, da die außerordentlich umständliche und mühevolle Kontrolle der privaten Betriebsgesellschaften zum größten Teil fortfallen kann, wenn an die Stelle der Privatgesellschaften öffentliche Körperschaften treten, ein Einwand, dem eine gewisse Berechtigung zuzuerkennen ist, dessen Bedeutung aber nicht so groß ist, um für die Entscheidung dieser System-Frage ausschlaggebend zu sein.

Wenn diese Provinzen und Gemeinden bisher vor unangenehmen Erfahrungen und Verlusten, mit denen immerhin zu rechnen war, im großen Ganzen verschont geblieben sind, so ist diese Tatsache nicht zum wenigsten dem Umstand zuzuschreiben, daß man es vermieden hat, den Betrieb in die Regie einer einzelnen Gemeinde zu nehmen. Es war vorauszusehen, daß dadurch der Betrieb der Bahnen gar zu leicht zum Spielball der Interessen einzelner Parteien, einzelner Ortsbezirke oder einzelner Privatleute gemacht worden wäre. Man hat es auch verstanden, die Verwaltung der von Gemeinden und Provinz geschaffenen Aktiengesellschaften recht einfach zu gestalten und die Betriebsausgaben in angemessenen Grenzen zu halten, ohne die Betriebsforderungen zu vernachlässigen. In Westflandern haben sich drei dieser Gesellschaften, welche die Linien Brügge—Ursel, Dixmude—Aardenburg, Brügge—Sweverzeele und Hooglede—Thielt (zusammen ca. 140 km) gepachtet haben, zusammengetan und einen Ingenieur, dessen Sitz Assebroeck ist, als gemeinsamen Direktor an die Spitze der Bahnen gestellt.

XIII. Soziale Fragen.

Ehe man auf die sozialen Fragen, soweit sie die belgischen Kleinbahnen berrühren, eingeht, wird man sich einen Überblick über den Stand der Sozialpolitik im Königreich Belgien überhaupt verschaffen müssen. Belgien hat für die Wahl der Abgeordneten des Landes seit April 1893 ein erweitertes Wahlrecht, ein Pluralwahlrecht, das vom allgemeiner gleichen Wahlrecht ziemlich entfernt ist und sich als ein geeigneten Maßstab zur Schaffung einer zweckmäßigen Vertretung für die verschiedenen Parteigruppen erwiesen hat.

Eine Arbeiter-Versicherungsgesetzgebung bestand in Belgien bis vor wenigen Jahren überhaupt nicht, es war alle Fürsorge auf diesem

Gebiete der Privatinitiative überlassen. Am 24. Dezember 1903 erst erschien das Gesetz über Entschädigungen bei Arbeitsunfällen[1]), dessen Wohltaten sich bereits in hohem Maße geltend gemacht haben; am 17. Juli 1905 wurde das Gesetz über Sonntagsruhe erlassen.

Die Löhne und Gehälter sind in Belgien niedriger als in Deutschland, allerdings sind auch die Kosten der Lebenshaltung nicht unerheblich geringer, namentlich erreichen Wohnungsmieten auch in den großen Städten nicht annähernd die Höhe der Mieten in Deutschland. In diesem Lande, das am Einfamilienhause auch heute noch in weitestem Umfange festhält, ist es fast als Regel anzusehen, daß der Arbeiter Gelegenheit hat, ein Gärtchen bei seinem Hause zu bearbeiten.

Was nun die Tätigkeit der Société nationale auf dem sozialen Gebiete anbelangt, so haben wir schon gesehen, daß sie, dem Vorbilde der Staatsbahn folgend, Arbeiterwochenkarten zu sehr niedrigen Sätzen ausgibt und damit, da durch die Tarife die Selbstkosten schwerlich gedeckt werden, sozial ausgleichend wirkt.

Die Anstellungsbedingungen für die Arbeiter der Société nationale sind seit 1907 folgende: Anfangsgehalt 1000 fr, nach einem Probejahr 1200 fr, Erhöhung alle 2 Jahre um 200 fr bis 2400 fr und im weiteren Verlauf bis zu 3000 fr.

Die Pachtgesellschaften zahlen zum Teil außerordentlich niedrige Löhne; so erhalten beispielsweise bei einigen Bahnen Schaffner II. Klasse 3,0 fr pro Tag, Schaffner III. Klasse 2,75 fr, Zugführer und Weichen-

---

[1]) Im Interesse der Arbeiter sind folgende Gesetze und Königlichen Verordnungen erschienen.

a) Gesetz vom 24. Dezember 1903 über Entschädigungen bei Arbeitsunfällen.

b) Verordnung vom 29. August 1904 über die allgemeinen Bestimmungen einer Unfallversicherung.

c) Verordnung vom 30. August 1904 bezüglich des im Gesetz vom 24. Dez. 1903 (art. 5 al. 3) erwähnten Tarifs und Rundschreiben vom 31. August 1904.

Aus dem Inhalt mag kurz erwähnt sein, daß dem Gesetz die Arbeiter aller Art bis 2400 fr Jahreseinkommen unterstehen; es ist auch zulässig, dem Gesetz freiwillig sich zu unterziehen. Bei gänzlicher Arbeitsunfähigkeit von mehr als einer Woche ist vom Tage nach dem Unfall ab 50 % des mittleren Tagelohnes als Entschädigung zu zahlen; bei teilweiser Arbeitsunfähigkeit ein entsprechender Teil dieses Betrages. Bei dauernder Unfähigkeit hat der Betroffene Anspruch auf dauernde Rente. Der Arbeitgeber hat während 6 Monaten freien Arzt und Apotheke zu stellen.

Wenn infolge des Unfalls der Tod eingetreten ist, so ist der Witwe, den Kindern oder Enkeln oder Brüdern und Schwestern unter 16 Jahren, deren Ernährer der Verstorbene war, zu gewähren ein Sterbegeld von 75 fr und ein nach dem Lebensalter des Verstorbenen auf Grund der 50 % Entschädigung zu berechnendes Kapital. Zur Zahlung der dem Geschädigten zustehenden Beträge werden Versicherungskassen gegründet, für mindestens je 5 Unternehmer und je 5000 Arbeiter.

steller 3,0 fr. Die Betriebspächterin der Kleinbahn Brüssel—Vossem gab bei durchschnittlich 12 stündiger Arbeitszeit im Jahre 1906 den Heizern 2,0 fr Anfangslohn, den Schaffnern 2,50, den Lokomotivführern 2,75 fr; die Lohnzulage betrug jährlich 25 ctms. In demselben Jahre zahlte die Pächterin der Kleinbahn Brüssel—Humbeck den Heizern 2,75 fr, den Schaffnern 3,0 fr, den Lokomotivführern 3,25 fr; den höheren Löhnen entsprach die längere Dienstdauer, die noch bis zu 15 Stunden täglich betrug. Bei der Kleinbahn von Brüssel nach Engine beträgt die eigentliche Dienstdauer 11 Stunden täglich, die Schichtdauer 16 Stunden. Die Kleinbahngesellschaft in Löwen zahlte den Arbeitern Anfangslöhne von 2,40 fr; zwischen je zwei Arbeitstagen mußten, abgesehen von Notfällen, mindestens 8 Stunden ununterbrochene Ruhe liegen. Die Arbeiter der Strecke und Werkstätte haben nicht mehr als 60 Dienststunden pro Woche, im Verkehrs- und Zugdienst ist die Dienstzeit länger. Noch im Jahre 1907 sind bei einzelnen Bahnen Mindestlöhne für Streckenarbeiter von 2,10 fr pro Tag gezahlt worden. Allerdings treten zu den festen Lohnsätzen häufig noch Prämien hinzu.

Als ein Beispiel für die Beschäftigungsbedingungen des Personals in der Nähe einer Großstadt mögen folgende Angaben der Bahngesellschaft Brüssel—Petite-Espinette dienen.

1. Schaffner.

Klasse	fester Lohn	Prämien		Mittl. Tages-Einkommen	Aufrücken nach
		von den Einnahmen	pro km		
	fr	%	ctms	fr	
4	3,00	5	¼	3,40	6 Monaten
3	3,00	5	½	3,60	18 „
2	3,25	4	½	3,80	18 „
1	3,50	4	¾	4,25	3 Jahren

Lohnerhöhung um 25 ctms alle 3 Jahre bis 5 fr festem Lohn, 15 ctms pro Arbeitstag in die Hilfskasse, 12 fr der Pensions- und 20 fr der Unterstützungskasse.

2. Fahrer.

2	3,25	—	¾	3,90	2 Jahre
1	3,50	—	1	4,40	3 „

Lohnerhöhung um 25 ctms alle 3 Jahre bis zu 5 fr festem Lohn, 15 ctms pro Arbeitstag in die Hilfskasse, 12 fr der Pensions- und 20 fr der Unterstützungskasse, 5 fr für den Monat ohne Unfall (2,50 fr Abzug pro Unfall), 5 fr für Verhütung eines Personenschadens.

Strafen während 15 Tagen nur bedingungsweise. Mittlere Dauer des Dienstes auf der Strecke 8,20 Stunden täglich.

In den älteren Pachtverträgen war es dem Betriebspächter überlassen, Löhne und Dienstdauer zu bestimmen, und man hat der Société nationale wiederholt einen Vorwurf daraus gemacht, daß sie dieser Frage zu wenig Aufmerksamkeit schenke. Seit einigen Jahren ist aber in die Pachtverträge ein besonderer Abschnitt etwa folgenden Inhalts aufgenommen: „Der Pächter muß seinen Angestellten mindestens die Löhne zahlen, die von der Société nationale festgesetzt werden. Die wirkliche Arbeitszeit darf eine von der S. n. bestimmte Stundenzahl nicht überschreiten. Die Anwendung dieser beiden Bestimmungen wird durch eine besondere Anweisung geregelt, die von der S. n. auf Grund der Anweisung ausgearbeitet wird, welche die ständige Deputation für öffentliche Arbeiten der Provinz aufgestellt hat oder mangels einer solchen nach Maßgabe der Lohnsätze, die in den von der Bahn herührten Bezirken üblich sind. Die Anweisung soll alle drei Jahre geändert werden können."

Die Société nationale hat sich bereit erklärt, ihre eignen Leute nach der gleichen Provinzial-Lohnskala zu bezahlen; hiermit sind die Beschwerden im wesentlichen beseitigt worden, da die Löhne der Provinzen im allgemeinen als ausreichend gelten.

Mit der Aktiengesellschaft für Eisenbahnbetrieb ist im Jahre 1908 folgende Ordnung vereinbart worden:

1. Zwischen zwei Arbeitstagen müssen — von Fällen der Not oder höheren Gewalt abgesehen — mindestens 9 Stunden ununterbrochener Ruhe liegen. Diese Ruhezeit darf ausnahmsweise nach einem Sonderdienst an Sonn- und Feiertagen auf 6 Stunden verringert werden, die folgende Ruhezeit ist entsprechend zu verlängern.

2. Mindest-Tagelöhne sind:

fr	4,00	für	Ober-Aufseher
„	3,00	„	Aufseher
„	3,75	„	Schlosser
„	2,75	„	Heizer
„	3,00	„	Rotten-Vorarbeiter
„	2,20	„	Rottenarbeiter usw.

Diese Sätze gelten nicht für Lehrlinge.

3. Diese Ordnung kann alle 3 Jahre auf Grund einer Vereinbarung beider Parteien revidiert werden.

Am 17. Juli 1905 ist, wie schon erwähnt, das Gesetz über die Sonntagsruhe in den industriellen und Handelsbetrieben erschienen. Art. 11 dieses Gesetzes dehnt seine Geltung auch auf den Betrieb von Eisenbahnen und Kleinbahnen aus unter der Voraussetzung, daß die dafür aufzustellende Dienstordnung die Genehmigung des Ministers der Eisenbahnen findet.

Die Dienstordnung für die Kleinbahnen bestimmt, daß Arbeiter und Beamte von 14 Tagen 13 oder von 7 Tagen 6½ beschäftigt werden dürfen, freie Tage und die freien Halbtage brauchen nicht auf einen Sonntag oder auf denselben Tag für das ganze Personal zu fallen. Am Tage eines freien Halbtages darf der Angestellte nicht mehr als fünf Stunden arbeiten, Ruhetage dürfen nicht zusammengelegt werden. Bei Wechsel zwischen Tag- und Nachtschicht gelten 24 Stunden Arbeitspause als halber, 36 als ganzer freier Tag; ein Zeitraum von 20 Stunden zwischen zwei Arbeitstagen des Fahrpersonals gilt als ein halber, ein solcher von 30 Stunden als ein ganzer freier Tag. Für das Personal, dessen Arbeit zu jeder Tages- und Nachtzeit beginnt und schließt, gilt nicht der Kalendertag, sondern ein ununterbrochener Zeitraum von 24 Stunden als Tag. Unzulässig ist die Entziehung von Ruhetagen im Wege der Strafe. Bahnhofsvorsteher dürfen während ihrer Ruhezeit ohne Erlaubnis des Vorgesetzten den Wohnplatz nicht verlassen. Die Dienstpläne sind öffentlich anzuschlagen und zur Verfügung der Arbeits-Inspektoren zu halten. Wenn der Dienst es erfordert, dürfen die Ruhetage verschoben werden auch über die 15 bzw. 7 Tage hinaus, innerhalb deren sie usrprünglich fallen sollten.

Was nun das Versicherungs- und Versorgungswesen anbelangt, so hat die Société nationale eine Versicherungs- und Pensionskasse für ihre angestellten Beamten eingerichtet, der 425 Versicherte angehören. Für die nicht angestellten Beamten, die mindestens 3 Jahre im Dienst der Société nationale stehen, ist eine besondere Versorgungskasse eingerichtet, in die 73 Versicherte aufgenommen sind. Seit 1902 werden auch die Pächter verpflichtet, ihr Personal gegen Unfälle zu versichern und außerdem einen Rettungsdienst in ihrem Betriebe einzuführen. Auch sind alle Pächter gezwungen worden, den Anschluß ihres Personals an eine Pensionskasse auf Gegenseitigkeit, die unter Staatsgarantie steht, vorzunehmen. Einzelne Pächter haben besondere Kassen gegründet, so die Aktiengesellschaft Mosane et des Ardennes; abgesehen von diesen haben die Pachtgesellschaften heute fast ausnahmsweise die Versicherung ihrer Angestellten eingeführt.

Zum Schluß noch die Feststellung, daß eine Vertretung der Arbeiterschaft durch Wahl von Arbeiter-Ausschüssen sich in Belgien nirgends findet.

Diese kurzen Angaben mögen genügen, um einen Überblick über die soziale Seite des belgischen Kleinbahnwesens zu verschaffen. Sie zeigt, daß die Löhne in Belgien wesentlich niedriger sind als in Deutschland, und daß man bemüht ist, wenn auch im langsamen Zeitmaß, den sozialen Forderungen unserer Zeit zu genügen.

XIV. Schlußwort.

Nach der eingehenden Betrachtung, die dem gesamten Aufbau des belgischen Kleinbahnwesens gewidmet ist, wird es nützlich sein, das Wesentliche dieses Aufbaues herauszuschälen, um sich über die Vorzüge und Nachteile klar zu werden.

Das Kennzeichnende des belgischen Kleinbahnwesens läßt sich in folgenden Sätzen zusammenfassen:

1. Bau und Betrieb der Kleinbahnen im ganzen Lande nach einheitlichem System. Bau und Kapitalbeschaffung durch Staat, Provinzen und Gemeinden. Gründung einer Aktiengesellschaft zwecks Vorbereitung und Bau der Bahnen.

An Stelle des Betriebes der Bahnen durch die Aktiengesellschaft Verpachtung derselben auf bestimmte Frist an Private oder an Verbände der beteiligten Gemeinden und Provinzen.

2. Entlastung der Anleiheschuld von Staat, Provinzen und Gemeinden durch Ausgabe von Schuldverschreibungen der Akt.-Gesellschaft und Einführung der Rentenzahlung für die Aktionäre zur Tilgung der Schuldverschreibungen innerhalb 90 Jahre. Ermäßigung der Zins- und Tilgungslast durch Übernahme einer Bürgschaft für die Schuldverschreibungen durch den Staat.

3. Fortfall von Sonderrechten der Wegeunterhaltungspflichtigen. Steuer-Vorrechte der Aktiengesellschaft.

4. Erheblicher Einfluß des Staates auf Genehmigung und Betrieb der vom Könige zu genehmigenden Kleinbahnen.

Versuchen wir es, dem die entsprechenden Grundsätze gegenüberzustellen, die man in Preußen zu beobachten pflegt:

1. Überlassung des Baues und Betriebes von Kleinbahnen an Private, Gemeinden, Kreise und Provinzen. Betrieb meist durch den Genehmigungsinhaber, bisweilen Verpachtung. Kapitalbeschaffung in der Regel durch den Kleinbahnunternehmer selbst.

2. Häufige und kräftige Unterstützung der Kleinbahnen durch Staat und Provinzen mittels Beteiligung, Hergabe von Darlehen zu mäßigem Zins- und Tilgungsfuß oder Bürgschaftsleistung. Unterstützung der Kleinbahnen durch den Staat als Eigentümer der Hauptbahnen auf dem Wege der Überlassung von Güterwagen an normalspurige Kleinbahnen mit Güterverkehr, Erleichterungen bei Stellung eigener Güterwagen durch die Kleinbahn und durch Tarifherabsetzungen m Güterverkehr mit den Kleinbahnen.

3. Den Wegeunterhaltungspflichtigen sind Vorrechte eingeräumt (Abgaben, Ankaufsrecht).

4. Einfluß des Staates auf Genehmigung, Bau und Betrieb durch Versagen der Genehmigung für Güterbeförderung, Verhinderung des Wettbewerbs zu den Staatsbahnen. Einfluß auf Tarif- und Rechnungslegung usw., Rückkaufsrecht.

5. Vereinfachung und Erleichterung der Kleinbahngenehmigung durch Übertragung der Genehmigungsfunktionen an den Regierungspräsidenten in Verbindung mit der beteiligten Eisenbahndirektion. Einführung eines vereinfachten Ergänzungsverfahrens zur zwangsweisen Inanspruchnahme öffentlicher Wege an Stelle des Enteignungsverfahrens.

Man sieht, daß man in beiden Ländern verschiedene Wege eingeschlagen hat, um die Kleinbahnen zur Entwicklung zu bringen: in Belgien das systematische, straffe Zusammenfassen dieser ganzen Verkehrsfrage und eine weitgehende Inanspruchnahme des Staatskredites, in Preußen die Förderung der ungehinderten Privattätigkeit in weitestem Umfange und Unterstützung der Kleinbahnen nicht nur durch Geldmittel des Staates und der Provinz, sondern auch durch Tarif- und Verkehrserleichterungen im Güterdienst; in Belgien eine völlige Einheitlichkeit im Bau und in den Betriebsgrundsätzen, in Preußen eine Mannigfaltigkeit, die sich nach den örtlichen Bedürfnissen richtet und jedem Einzelnen Gelegenheit gibt, das technisch Vollkommene anzustreben.

Gerade das Systematische und Einheitliche des belgischen Systems ist es, das dem Kenner des Kleinbahnwesens Achtung abnötigt, freilich nicht ohne die Gefahren erkennen zu lassen, die eine solche Zentralisierung mit sich bringen kann und mit sich gebracht hat.

Selbstverständlich kann von der einfachen Übertragung der belgischen Grundsätze auf andere Länder, insbesondere Preußen, keine Rede sein, schon deswegen, nicht, weil hier inzwischen der Ausbau des Kleinbahnnetzes nach anderen Grundsätzen, aber mit ähnlichen Erfolgen ungeahnte Fortschritte gemacht hat. Jedenfalls aber bieten die belgischen Erfahrungen manche nützliche Anregung. In Preußen ist man im Begriffe eine neue Art von Bahnen, die Städtebahnen, zur Entwicklung zu bringen. Hierunter versteht man Bahnen mit elektrischem Betrieb, denen die Aufgabe zufällt, im Schnellverkehr mit starrem Fahrplan Großstädte mittlerer Entfernung miteinander zu verbinden. Außerhalb der Städte laufen diese Bahnen auf eigenem Bahnkörper, möglichst unter Vermeidung aller Wegeübergänge in Schienenhöhe; in das Weichbild der Städte werden sie als Straßenbahn oder, soweit es sich lohnt, als Hoch- oder Tiefbahn eingeführt. Bei diesen Bahnen, die über den Interessenbezirk der einzelnen Gemeinde hinausgehen, dürfte der Versuch lohnend sein, sich die Vorteile des belgischen Kleinbahnsystems zueigen zu machen. Die Ansätze, die bisher auf diesem neuen Gebiete gemacht worden sind, scheinen zu bestätigen, daß hier der Provinzial- und Gemeindeverband noch ein Feld ersprießlicher Tätigkeit finden kann.

Auch im Kleinbahnwesen ist die Sturm- und Drangperiode überwunden, die Zeit ist gekommen zur Prüfung des bisher Erreichten und zum Umschauhalten in anderen Ländern. Wer diese Zeit benutzt, dem wird sie reichlich Nutzen bringen.

Literatur.

Hostmann, Bau und Betrieb von Schmalspurbahnen und deren volkswirtschaftliche Bedeutung für das Deutsche Reich. Wiesbaden 1881.

F. Müller, Die Entwickelung der Lokalbahnen in den verschiedenen Ländern (Schmollers Jahrbücher, Jahrg. 1891, Heft 2, S. 120).

O. v. Mühlenfels, Die Bedeutung der Eisenbahnen unterster Ordnung (Preußische Jahrbücher 1891).

Friedr. Müller, Grundzüge des Kleinbahnwesens. 1895.

Ledig u. Ulbricht, Die schmalspurigen Staatseisenbahnen im Königreich Sachsen.

Dr. Max Wächter, Die Kleinbahnen in Preußen.

Himbeck u. Bandekow, Wie baut und betreibt man Kleinbahnen?

Schultz-Niborn, Die Bewirtschaftung und Verwaltung der Eisenbahnen.

Gleim, Das Gesetz über Kleinbahnen und Privatanschlußbahnen.

Dr. G. Eger, Kleinbahnen und Privatanschlußbahnen.

Zeitschrift für Kleinbahnen. Kleinbahnstatistik.

Kayser, Belgische Nebenbahnen und Kleinbahnen (Ztg. des Vereins deutscher Eisenbahnverwaltungen 1909, Nr. 62).

Internationaler Straßenbahn- und Kleinbahnkongreß London 1902. Ausführl. Bericht.

Internationaler Eisenbahn-Kongreß-Verband. 8. Sitzung, Bern 1910. Frage 20: Umladung.

C. de Burlet, Les chemins de fer vicinaux en Belgique. 2e édition 1908.

Charles Gheude, Exploitation des chemins de fer vicinaux en Belgique 1909.

Société nationale des chemins de fer vicinaux: Rapport 1909 usw. — Documents relatifs à l'institution de la société n. — Recueil officiel des conditions réglementaires générales pour le transport des voyageurs, bagages usw. — Règlement de police. — Cahier général des charges régissant les concessions. — Cahiers des charges pour l'entreprise de l'entretien et de l'exploitation des lignes. — Règlement relatif au travail et aux salaires du personel usw. — Réglement concernant les repos du personel. — Cahier des charges général, clauses et conditions imposées aux entreprises de travaux. — Premiers soins à donner aux blessés.

Entwickelung der Hauptbahnen und Kleinbahnen in Belgien.

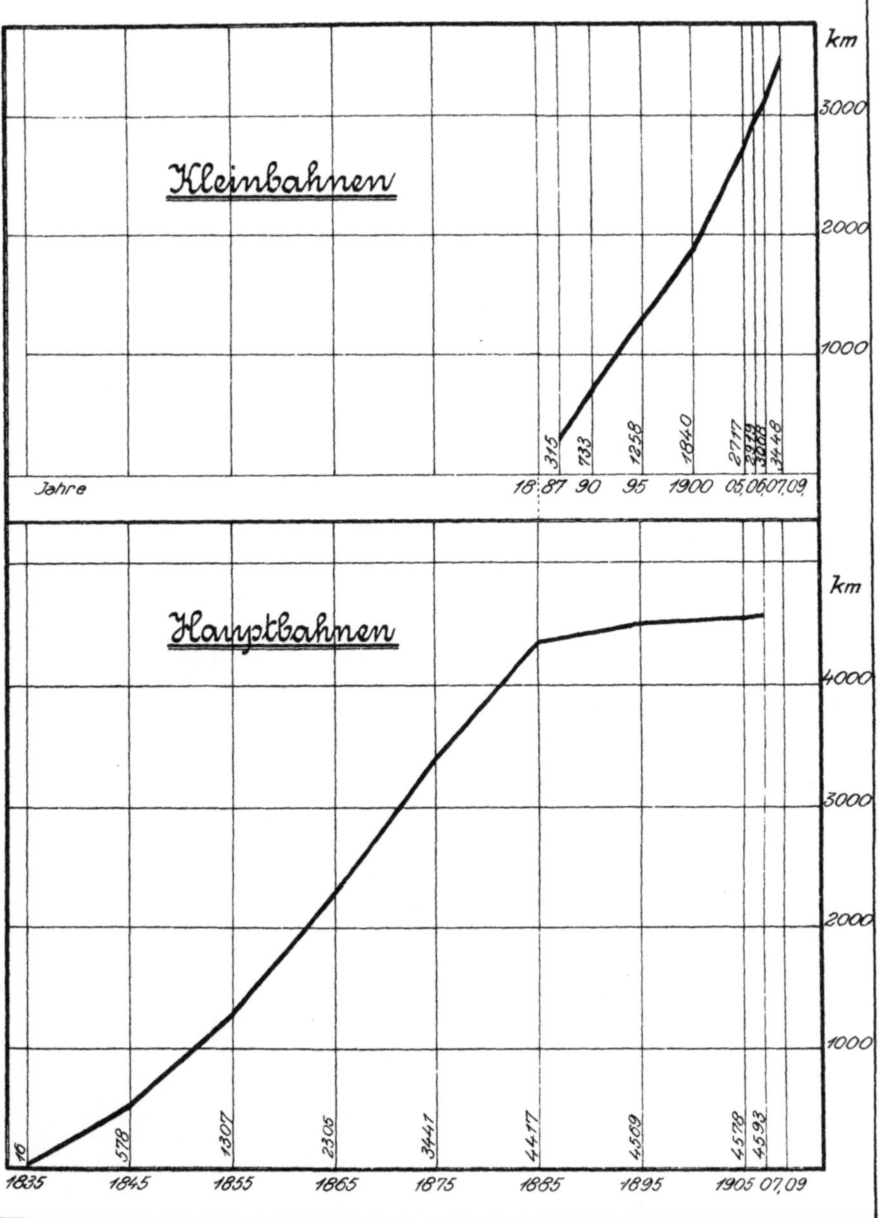

Verlag von Julius Springer in Berlin.

Profile des lichten Raumes.

A. für Dampfbahnen.

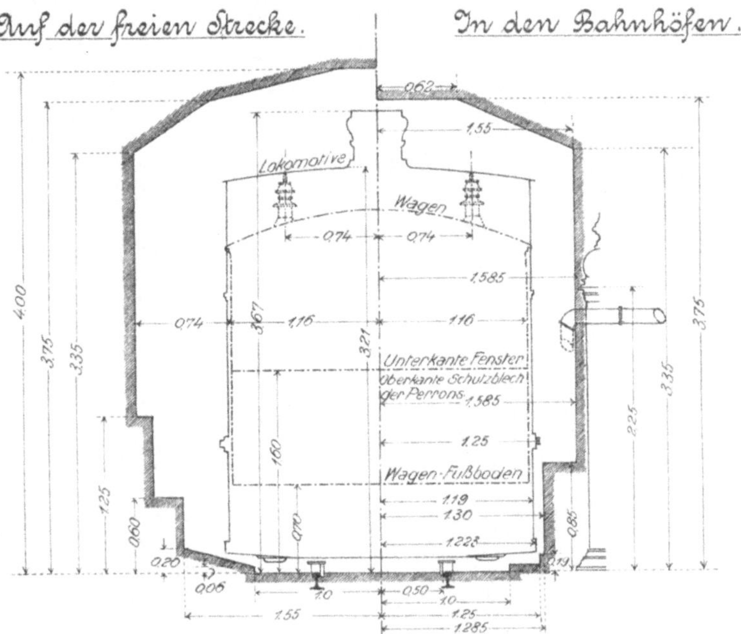

B. für elektrische Bahnen. (Wagenbreite 2,0 m).

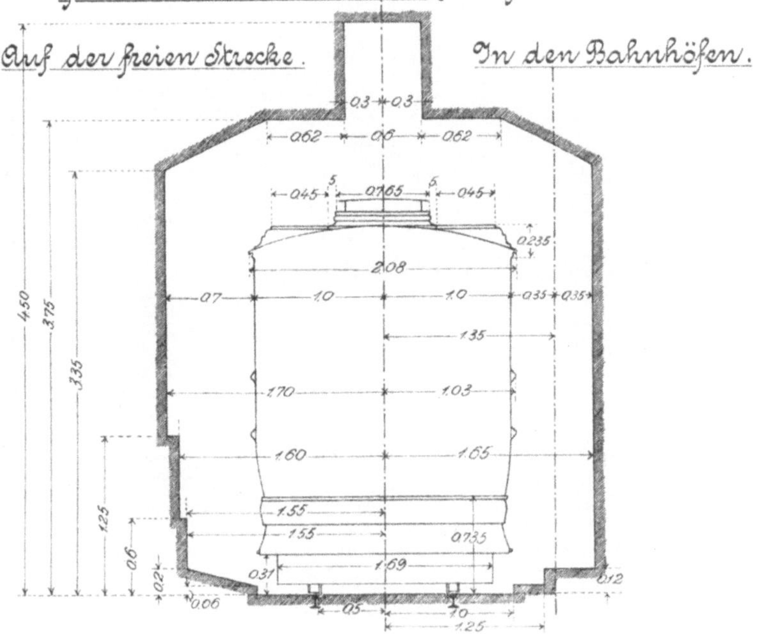

 Verlag von Julius Springer in Berlin.

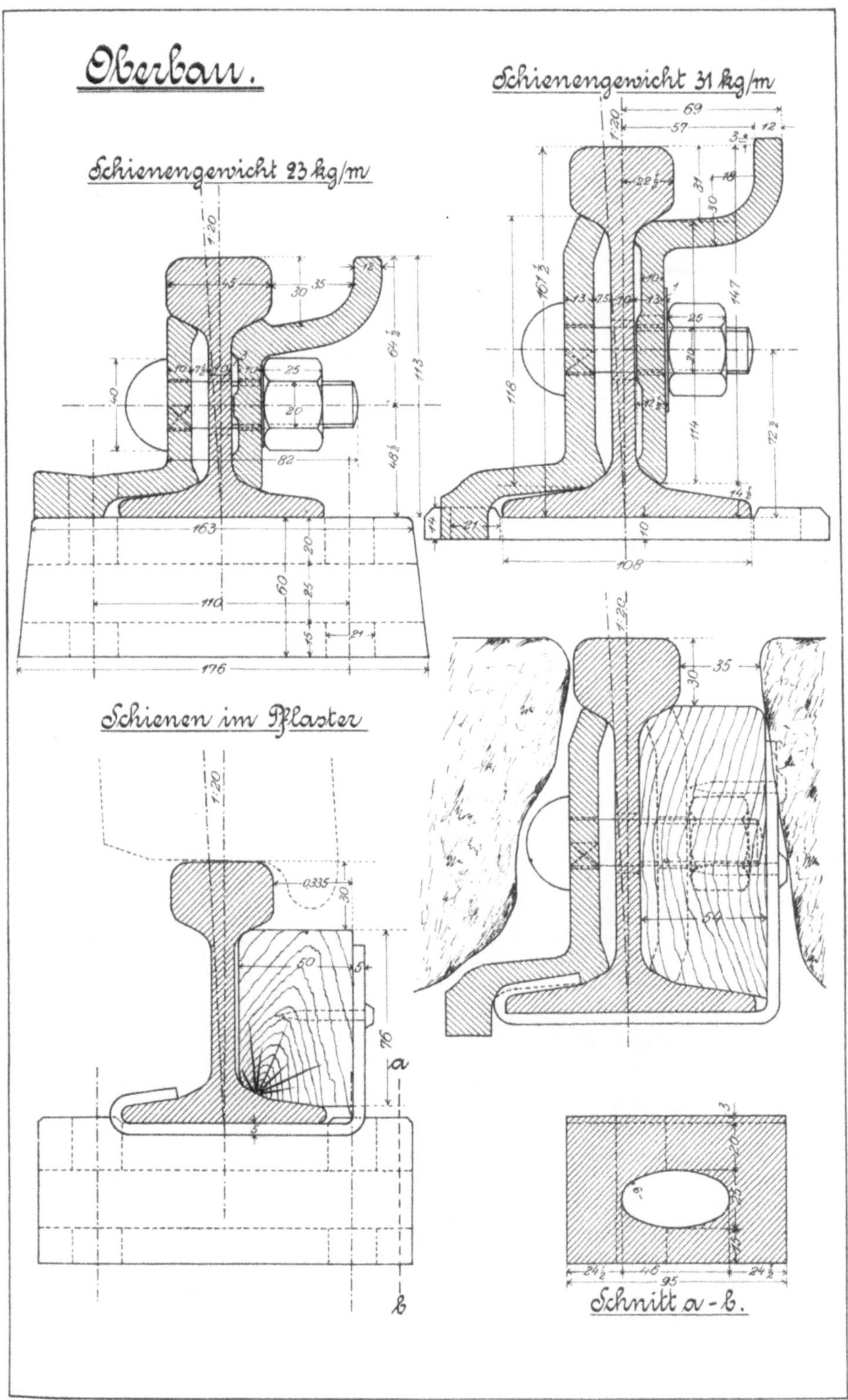
Oberbau.
Schienengewicht 23 kg/m
Schienengewicht 31 kg/m
Schienen im Pflaster
Schnitt a - b.

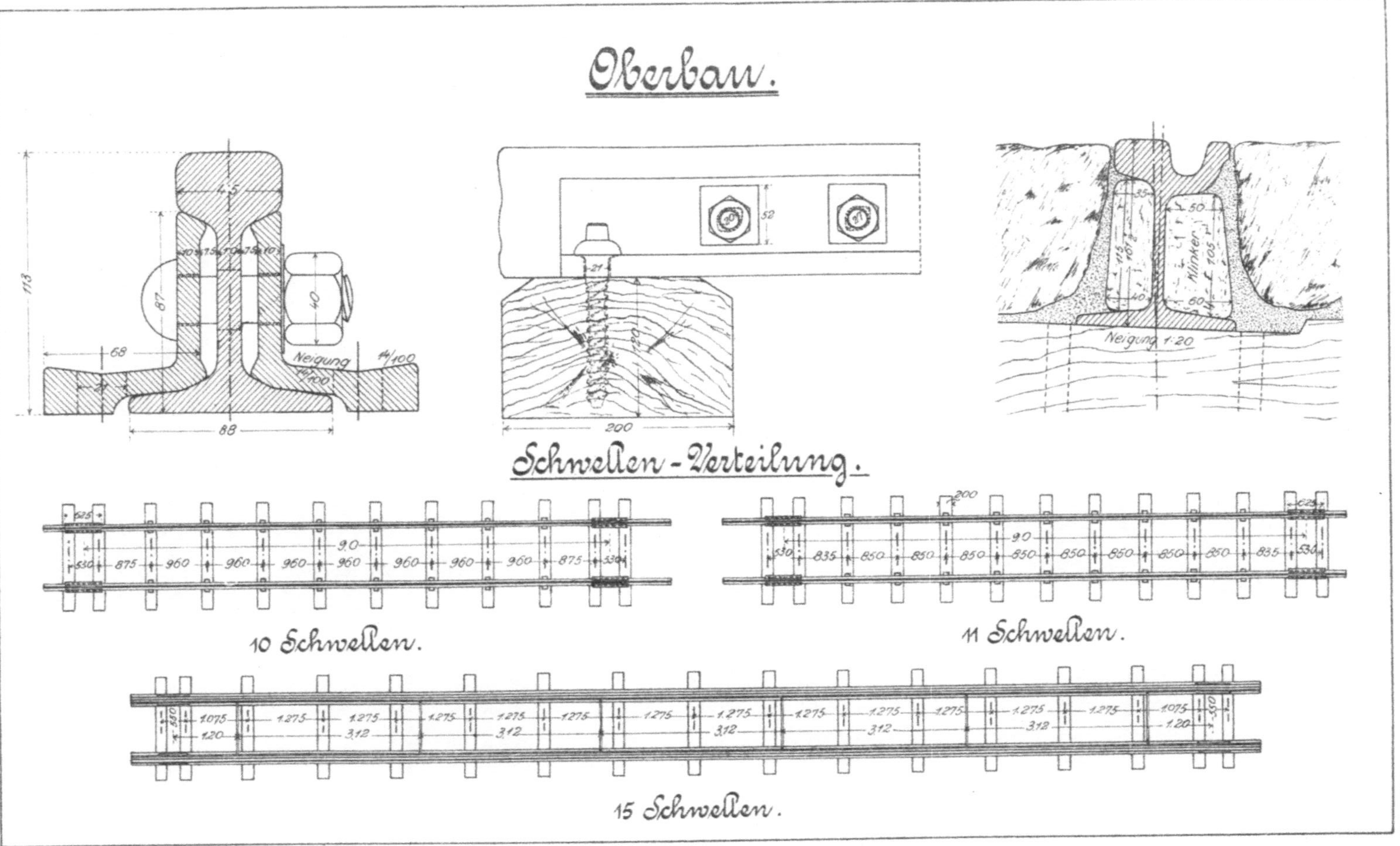
Oberbau.
Neigung 1/100
Klinker
Neigung 1:20
Schwellen-Verteilung.
10 Schwellen.
11 Schwellen.
15 Schwellen.

Querschnitt des Oberbaues.

A. Gleis an der Seite der Landstraße.

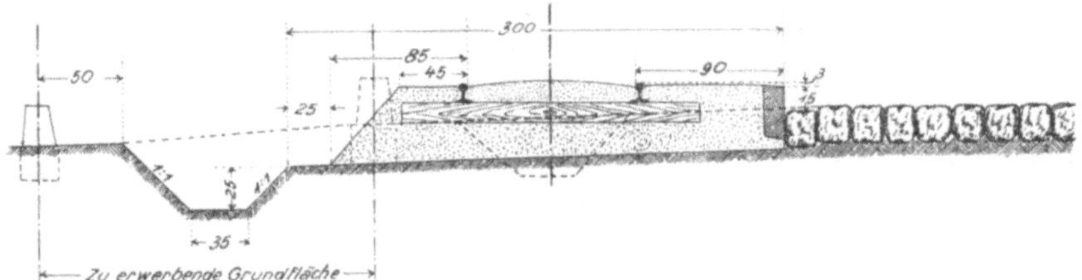

B. Gleis im Pflaster. (Gewicht der Schiene 23 kg/m)

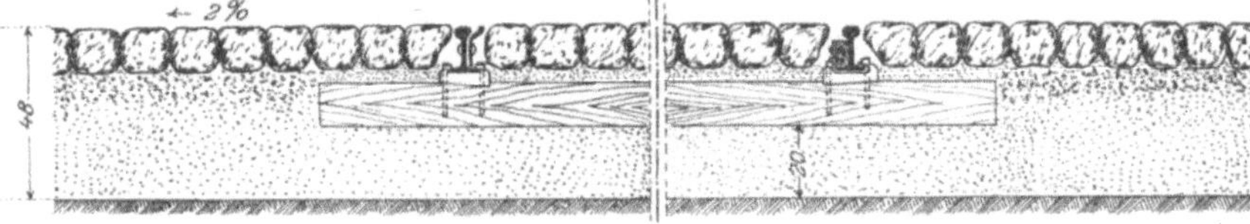

C. Gleis im Pflaster. (Gewicht der Schiene 31 kg/m)

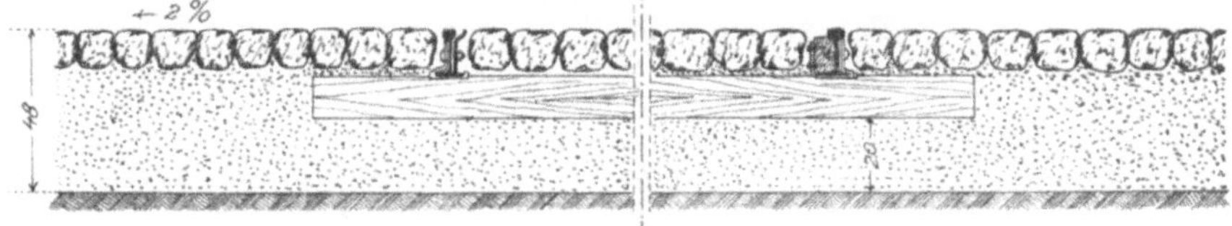

D. Gleis in Chaussirung.

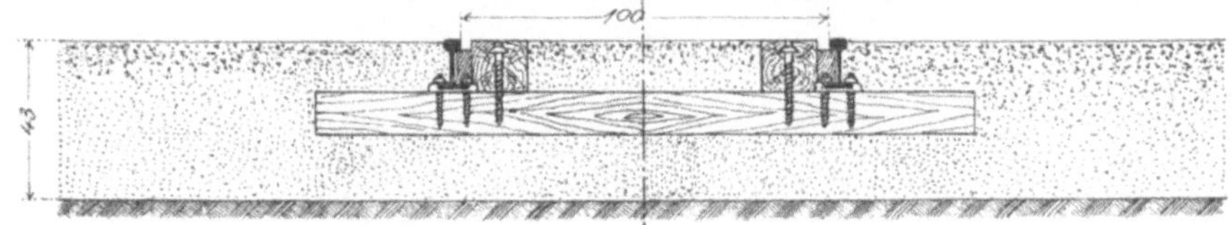

E. Gleis auf eignem Bahnkörper.

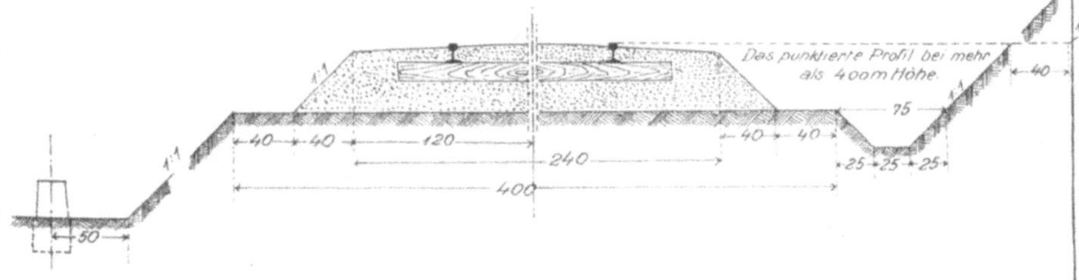

Verlag von Julius Springer in Berlin.

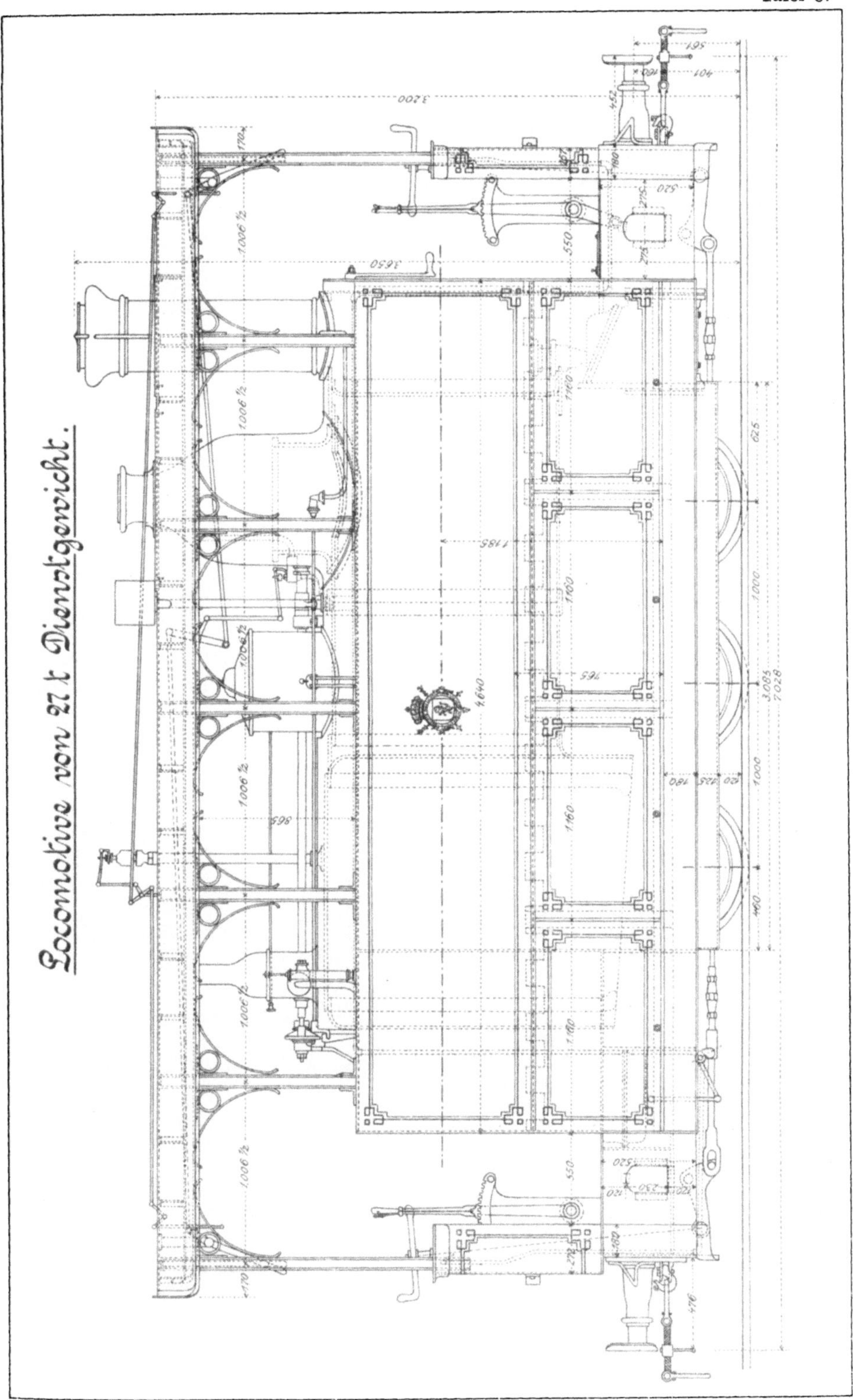

Verlag von Julius Springer in Berlin.

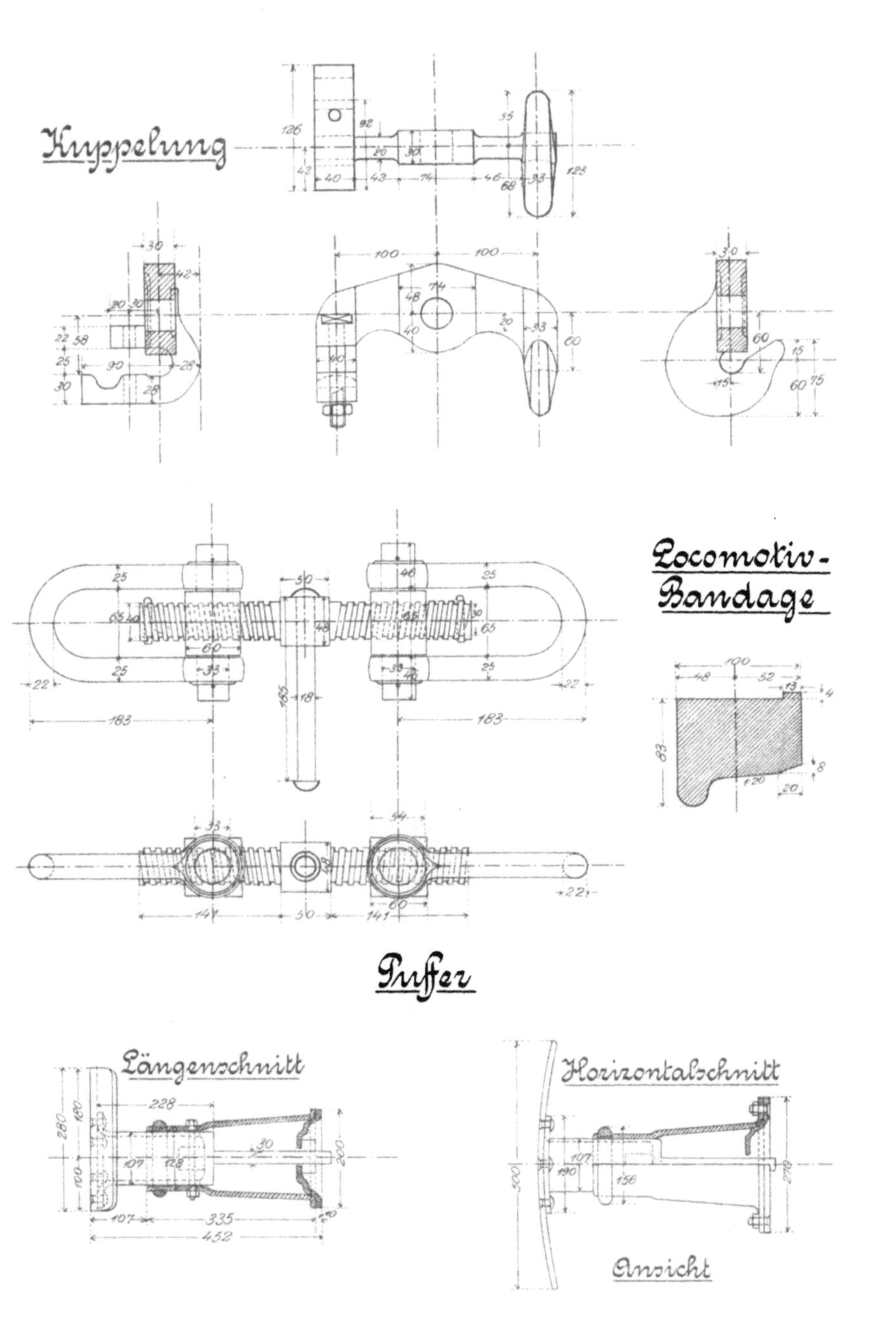
Rollendes Material.
Kuppelung
Locomotiv-Bandage
Puffer
Längenschnitt
Horizontalschnitt
Ansicht

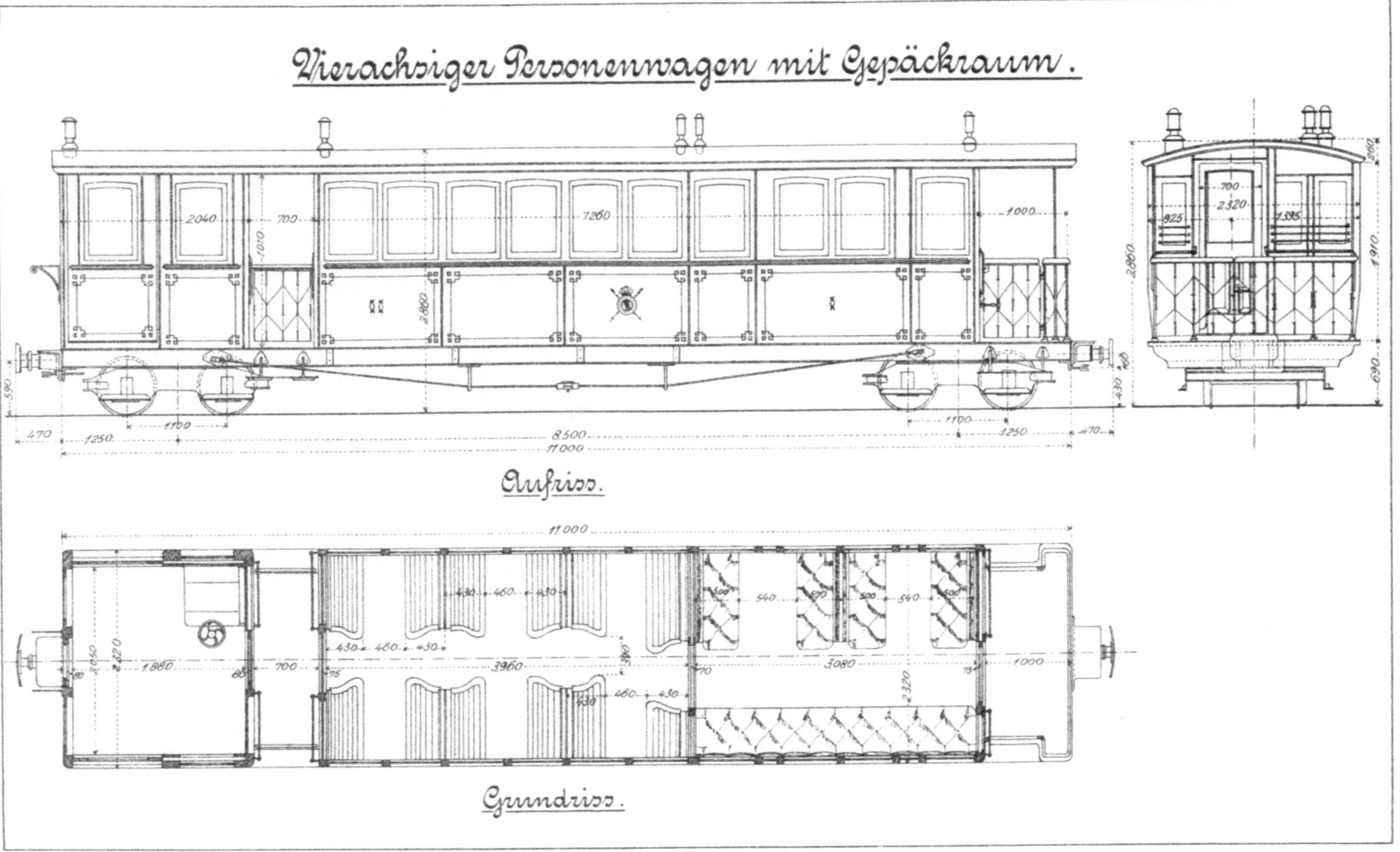

Vierachsiger Personenwagen mit Gepäckraum.
Aufriss.
Grundriss.

Additional material from *Die belgischen Kleinbahnen,*
ISBN 978-3-662-32466-0, is available at http://extras.springer.com